水草 Q&A 100

新手也能建構出自己的水中世界！

水草養殖入門

QA 100

CONTENTS

前言

每個人喜歡上水草的原因有百百種，可能是因為水草很漂亮、療癒、適合室內裝潢，或者只是單純喜歡。而近年來，用水草美化水族箱的「水草造景」愈來愈受歡迎。但另一方面，相關資訊太過豐富氾濫，不少人因為不知道該相信哪些資訊而十分苦惱。對於有這些困擾的水草愛好者，以及未來想嘗試培育水草的新手，本書製作了這項企畫。作者轟先生在水草培育、造景方面是廣受好評的專家。本書以一問一答的形式，提供讀者簡單易懂的內容。讀者可以活用書中的知識，享受更加有趣的水草生活。

本書採用AQUA LIFE部落格連載專欄「水草QA」（2020年7月～）的內容，並且加筆修改，重新編輯。書中問題以月刊AQUA LIFE編輯部收集的內容為主。

AQUA LIFE部落格
https://blog.mpj-aqualife.com/archives/category/水草qa

作者的話

我認為人之所以會產生疑問，是因為有需求。該怎麼做才能讓造景更漂亮？我將在下個階段揭曉。「求知欲」就是要學習如何將腦中的畫面化為現實。

製作水草水族箱的過程會產生疑問，本書將針對這些問題加以解答。希望能幫助讀者做出更優質的水草水族箱。

轟 元氣

■攝影
石渡俊晴（TI）
轟 元気（GT）
橋本直之（NH）
編集部（M）

■插圖
いずもり・よう

水草簡介

本書介紹的水草是「可在水中及水邊培育的植物」。目前水族專賣店等市場上流通的水草有500～800種，種類豐富。各品種的水草在外型上各有差異，可大致分為有莖型、蓮座型、蕨類、苔藻類等。

有莖型

莖部冒出新葉並生長。許多品種的莖節都會長出新芽。

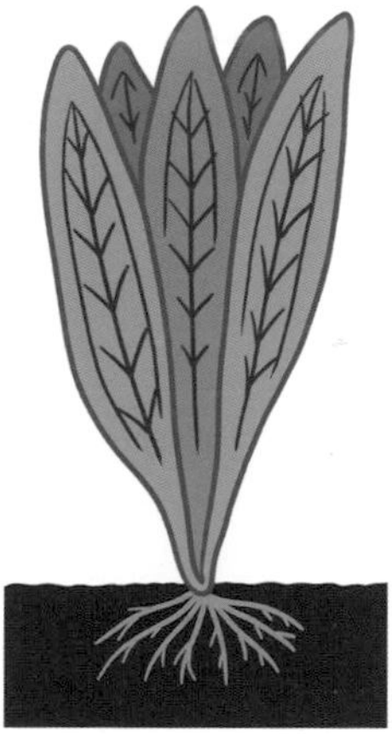

蓮座型

形狀類似菠菜，植株中央會長出新葉。

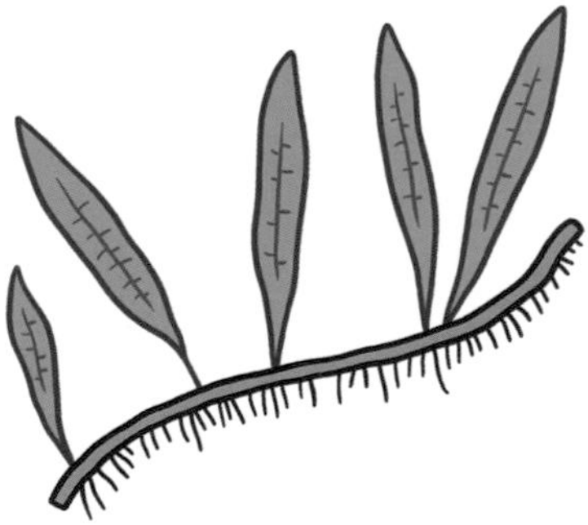

蕨類

莖一邊蔓延，一邊長出新葉。許多品種的根會依附在流木或石頭上。

苔藻類

莖部會長出茂密的葉子，跟蕨類一樣，許多品種的根會附著在流木或石頭上。

美妙的水草造景世界

了解水草的特性，養出漂亮的植株，就能做出水草造景。
本篇介紹的造景是作者轟先生全心全意創作的作品。
計算水景的結構，加上精巧的配植及培育方法，堪稱藝術作品。

造景製作／轟元氣　攝影／石渡俊晴　照片提供／Aqua Design Amano

水草（前景、中景）：針葉皇冠草、尖葉皇冠草、禾葉挖耳草、牛毛氈、矮稈荸薺、迷你矮珍珠

水草（後景）：黃松尾、圓葉節節菜（粉色）、大莎草、達森百葉草、水田碎米薺、越南趴地三角葉、卵葉水丁香、大珍珠草、蓋亞那水蓑衣、丁香水龍、綠宮廷、青蝴蝶

水草（石上佈置）：明葉苔、波葉片葉蘚、鋸齒艷柳、趴地矮珍珠

生物：潘達佩西鯢、女王藍眼燈、異足新米蝦、篩耳鯰

造景主題

藉由水草水族箱打造遺跡場景

以形狀不規則的石頭作為鋪裝材料，堆疊成台階狀，呈現遺跡的感覺。打造遺跡風情，彷彿沉入時光的洪流中。

DATA

水族箱：120×60×60（H）cm
過　濾：外部過濾器（EHEIM 2217）×2台
照　明：SOLAR RGB（ADA）×2台　每日12小時
底　床：JUN白金黑土
底　沙：極白沙
CO_2：二氧化碳溶解器，每秒4滴
換　水：剛開始／每週一次50%、一個月後～／2週一次50%

確認造景的製作過程！

攝影／石渡俊晴

造景主題

大量使用不同顏色、形狀的有莖草

有空間感的美麗水景完成了。使用大量的有莖型水草，大部分都很好栽培。使用黑土、添加二氧化碳、充足的照明，按照基本的栽培方法就能順利成長。大量生長的水草可以淨化水質，不容易產生青苔。在中央大膽擺放流木，打造出值得欣賞的畫面。這種水族箱還能在客廳中發揮室內裝飾的效果，是適合新手模仿的造景，一定要試看看。

DATA

水族箱： 90×45×45（H）cm
過　濾： 外部過濾器
照　明： LED燈　每日12小時
底　床： AQA SOIL AMAZONIA、輕石
CO_2： 二氧化碳溶解器，每秒4滴
換　水： 每週一次 50%

水　草： 水榕、實蕨屬、明葉苔、矮珍珠、牛毛氈、三裂天胡荽、莎草屬、大莎草、水豬母乳屬（宮廷草、青蝴蝶、瓦氏水豬母乳、黃松尾、紅宮廷）、細葉水丁香。

生　物： 巴氏絲尾脂鯉、紅帶半線脂鯉、紅衣夢幻旗、黑花鱂、黑帶龍脊魨、篩耳鯰屬、多齒米蝦、石蜑螺。

1 用於造景的水草。種植時，將水草放在托盤中以利操作。為了避免水草風乾，需預先在托盤上鋪上沾溼的廚房紙巾。

2 在最上層鋪設10kg的輕石，上方鋪上黑土（約27ℓ）。前面3cm、後面20cm，鋪設傾斜的底床。使用4塊流木。表現出流木往後漂流的立體感。

3 前景配植矮珍珠（4株），每株間隔3cm。在流木後方栽種水榕，並在凹陷處種植實蕨和明葉苔。中景是牛毛氈，後景是多種有莖草和莎草。

4 種入水草一個半月後的情況。期間只修剪過一次。

5 進行第二次修剪。關閉過濾器，前景除了矮珍珠和水榕外，都要修剪。

6 修剪完畢。修剪後會出現破碎的莖葉，先撿起來再打開過濾器。約一個月後，變成右頁的完成照樣子。

TI

以「欣賞水草魅力」為主題，不以流木或石頭為主構圖，只用水草造景；是很久前便為人熟知的荷蘭式水草造景風格。各種顏色和形狀的品種相接，打造出引人注目的水景。水族箱尺寸為60×30×36（H）cm。

TI

使用牛毛氈打造草原意象的造景。在側邊留白，呈現典型的三角構圖造景，搭配得宜就能做出好看的水景。在底床鋪上迷你矮珍珠，營造出清爽的形象。水族箱尺寸為60×30×36（H）cm。

水草的基礎知識

Part 1

Q 001 什麼是水草？

接下來將展開與水草相關的話題，因此首先要先釐清「何謂水草」。嚴格來說，水草的定義其實很不清楚。才剛說要「釐清」定義，結果馬上就遇到瓶頸，雖然定義模糊是事實，但這會導致話題無法繼續下去，所以本書將水草粗略地定義為「可以在水中、水邊培育的植物」。

稍微補充說明一下，苔類、蕨類、被子植物（開花植物）等類別都各有其水草品種。以動物為例，就是指昆蟲類、兩棲類、爬蟲類、鳥類、哺乳類等各種動物中，可以在水的周邊生活的就通稱為「水生生物」。植物也一樣，「水草」類的區分方式著重在生活型態，而不是特定領域（類群）。

目前業界認為大約有2800種水草，而水族專賣店販售的約有500～800種。只計算高人氣、高流通量的品種，則大概有300種。

在水中生活的水草。照片品種是火花百葉。

※想深入了解何謂水草的人，推薦閱讀田中法生的著作《異端植物 水草研究（暫譯）》。

Q002 不能在水中栽培普通植物嗎？

很可惜，非水草陸地植物一旦泡水就會枯萎。主要原因在於「缺氧」和「二氧化碳不足」。植物為了呼吸、行光合作用，體內具有能夠吸收氧氣和二氧化碳的器官，但陸地植物在水中無法發揮作用，所以才會因為吸收不到必要的成分而枯萎。

為什麼沉入水中的水草不會缺氧或二氧化碳不足？因為它們的葉子可以直接獲取二氧化碳和氧氣。植物本來就會藉由葉子的氣孔來吸收空氣中的氧氣或二氧化碳，藉此行呼吸作用和光合作用；但水中的水草可以直接從葉子表面吸收氧氣和二氧化碳，藉此維持生命。且光合作用所產生的氧氣會透過植物的身體空隙傳遞至各處（將切開的水草泡入水中會出現氣泡，正是這個原因）。這就是水草能夠在水中生活的原因。

例1 蓮花

蓮花的地下莖（蓮藕）有氣孔，葉片能製造的氧氣及吸收空氣，會將養分傳至地下莖。

例2 金魚藻

金魚藻透過葉子直接吸收水中的二氧化碳。

Q 003 水草有壽命嗎？

水草的生長時間有多長？水草跟人不一樣，基本上沒有壽命的概念。一片葉子的壽命，大約是一個月到數年（種類各有差異），藉由新陳代謝不斷產生新的葉子或植株，整體來說，水草是「隨時都在生長變化」。假設培育同一種水草一年、五年、十年、三十年、五十年，剛開始可能養出枯萎的葉子或植株，但只要維持良好狀態，就能長出新的葉子和植株。

這麼說可能有點難想像，我舉個具體的例子吧。比方說，形狀類似菠菜的水草（蓮座型水草），會從母株的側邊長出稱為側芽的匍匐莖，前端會長出小植株。此外，外型類似菊花的水草（有莖型水草），當母株的莖斷裂時，莖部會長出新植株。這種不需要種子的繁殖方式稱為「營養繁殖」。有性生殖是由兩個個體交換遺傳基因，來進行繁殖的；但營養繁殖是無性生殖，與有性生殖不同，它的遺傳基因是不變的。這不就表示，同一種水草可以不斷地生長下去嗎？

蓮座型水草的繁殖範例：由側芽長出子株。

Q 004 水草如何生長？

水草的生長過程會依據種類而有所差異，無法一概而論，但種還是有共通點。那就是「水草會在身體固定後開始生長」（金魚藻、美洲水鱉等浮草類例外）。由於水草是在水流影響較大的水中環境中生長的，身體處於飄移狀態時是無法生長的。因此，在自然環境中許多水草會以「扎根」的方式來固定身體。

不過，水草是否一定要扎根呢？答案是不一定。只要身體不動就行了，比如在培育期間用線綁住或用黏著劑黏合，將水草固定在某個物體上，那水草就會開始生長。此外，將新的水草掛在既有的水草草叢上，植株也會生長。但是，大部分的水草都能以種植的方式輕易固定，所以通常會種在砂礫或土壤中。

以線捆綁「固定」。依附生長（附生）。照片品種是莫絲。

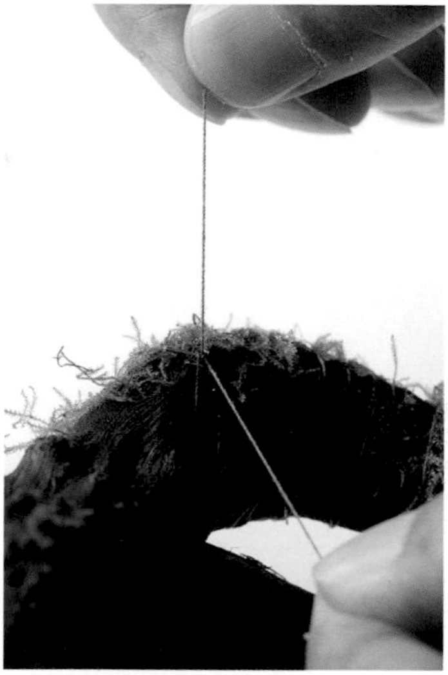

NH

NH

種在底床「固定」。根部生長。照片品種是小獅子草。

Q 005 水上葉與水中葉有什麼不同？

水草中有許多能同時在陸地和水中生存，有著「水上葉」和「水中葉」。水上葉是水草在陸地時的生活形態，水中葉則是在水中的生活形態。

為了保護自己不受重力影響，水上葉的莖葉會變硬；為了防止乾燥而發展出的堅韌角質層（表皮結實的膜）。水中葉則沒有角質層，透過葉子來吸收水中的營養成分和二氧化碳。此外，水中葉大多比水上葉更細薄，不同品種的水上葉和水中葉其形態也截然不同。

因此，水草可以根據當下的情況轉換形態。有些水草的水上葉和水中葉形態差異極大，甚至讓人難以相信是同一種水草；有些則是很難分辨差異，外觀非常相似。有些水草只在水中生活（如金魚藻），這樣的類型就只有水中葉的形態。

TI

圓葉節節菜的「水中葉」。
外觀不像同一品種。

TI

圓葉節節菜的「水上葉」。

Q 006 水草能淨化水質嗎？

「水草的確能淨化水質」。具體來說，水草是怎麼淨化水質的？過濾器中的細菌會讓水質污染無害化，過程中會產生亞硝酸鹽、硝酸鹽等含氮物質，這些物質會被水草當作養分吸收。對魚類來說，含有亞硝酸鹽的水質是惡劣的環境，硝酸鹽過量也不好（兩者皆過量會造成魚類中毒）。因此，水族箱中的茂盛水草讓魚類更容易生存了。

此外，過多的含氮物質會產生水草愛好者的天敵——藻類（苔蘚），但水草可以防止藻類滋生。這就是水草茂盛的水族箱中較少出現藻類的原因。不過，如果要淨化水質，「健康的生長環境」就是不可或缺的條件。水族箱裡只要有水草，水質就會變乾淨，這種觀念並不正確，請多加注意。

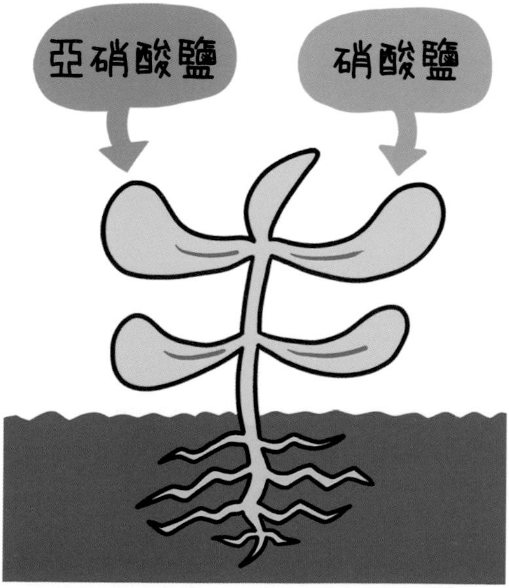

水草將水族箱中的含氮物質當作養分，加以吸收。

Q 007 水草也會在日本生長嗎？

水草分布在世界各地。當然，日本也有自生的水草。以身邊的例子來說，水草會在田埂附近生長。觀察水草是個很有趣的活動。

但水草和一般植物很難區分，建議外出時帶上《日本水草 自然指南（暫譯）》（角野康郎）之類的指南書當作參考。

大自然中的水草乍看之下很像雜草。水草的周圍也有許多非水草植物，要從中找出水草是有點困難的。可以從旁觀察但絕對不可以擅自採集稻田或私有地裡的水草。筆者實際採集時，會事先向稻田主人打聲招呼。因為我住在鄉村，彼此算是熟人，他們通常會爽快地答應。散步時充滿朝氣地打聲招呼吧！

除此之外，有很多水草被列為瀕危物種（請參考環境省紅名錄）。以下介紹幾種筆者在戶外發現的水草。

馬藻／日本萍蓬草／簀藻／牛毛氈（松毛蘭）／小穀精草（白藥穀精草）／異匙葉藻／水車前草／短柄花溝繁縷／水馬齒／卵葉水丁香（圓葉水丁香）／日本水韭

※括號名稱為其他中文俗名。

TI

在溼地，很常看見牛毛氈的水上葉。

Q 008 什麼是陽性與陰性水草？

水草的陰陽性大致的區分方式如下。

- **可在陰暗環境栽培的水草➡陰性水草**
- **喜歡明亮的水草➡陽性水草**

由於沒有明確的區分標準，不同媒體介紹的分界各有不同。

陰性水草是「可以在陰暗環境栽培的水草」，一般來說大多比較健壯。另一方面，陽性水草大多具有明亮的葉色、細小的葉片、外觀類似絨毯，有很多品種適合種在正規的水草水族箱裡。

■陰性水草

星蕨屬／水榕屬／隱棒花屬

葉片很大，大多是深綠色。星蕨屬、水榕屬等水草中，許多都有附著在石頭或流木上的特性。植株大多健壯且容易栽培。

TI
葛拉水榕

TI
棕溫蒂椒草

■陽性水草

所有有莖型水草／齒果澤瀉屬

葉色是淺綠色，形狀很細，反覆修剪會變大變茂密，如絨毯般附著在地面，具有氧氣氣泡，這種高人氣的水草通常屬於陽性。在培育方面，許多品種必須提供高光量（請參考Q20）、添加二氧化碳（請參考Q22），因此要先投資設備再進行栽培。

TI

新大珍珠

TI

Echinodorus grisebachii 'Tropica'（齒果澤瀉屬）

Column1

房間裡的水草水族箱

如果有人問我最好看的水族箱是什麼樣子。我會回答，莖草茂密，混有多種小型魚類的水族箱。筆者也從事到府製作水族箱的工作，擺放五顏六色的水草，讓魚類自在悠游；筆者以這種造景風格開始承接委託，得到許多家庭和造訪者的好評。

茂密的水草令人想起春天的原野、夏天草叢的潮溼感，呈現生物和平共處的大自然風貌，筆者想強調人對大自然的憧憬和幻想。

苔蘚類和蕨類令人感受到原始森林的情感及漫長的時光，主要以這兩類水草佈置出「美好」又受歡迎的水景。這種類似喜歡古董的心情，經過多年變化而形成風格，讓人回想起難以言喻的氛圍。

目前為止提到的都是水族箱內部的事，稍微放大視角，會發現不只是內部，整個水族箱是否和房間相襯，也是做出美好水族箱的重點。利用水族箱來佈置室內時，請注意以下三點就能順利地融入房間。

櫃子／燈光／管線安排

櫃子的視覺面積很大，挑選時必須考慮到是否符合室內的裝潢風格。針對主題色和質感選擇沒有異樣感的材質和色彩。

燈光要放在側邊還是掛起來，會給人截然不同的印象。水草水族箱也迎來了LED時代，有許多設計簡約的款式，選購時應該考量到外觀和功能。

電源線的線路、軟管或水管等管路容易亂成一團。筆者花很多心思儘量將器材集中在一處，並加以隱藏，甚至將線路藏在櫃子裡。將3～5個延長線（建議選用有開關的款式）放入櫃子裡，整理過後乾淨多了。

運用水草水族箱來點綴室內空間，進行全面佈置。

美麗的水草造景水族箱，讓整體空間更好看。

Part 2

開始培養水草之前

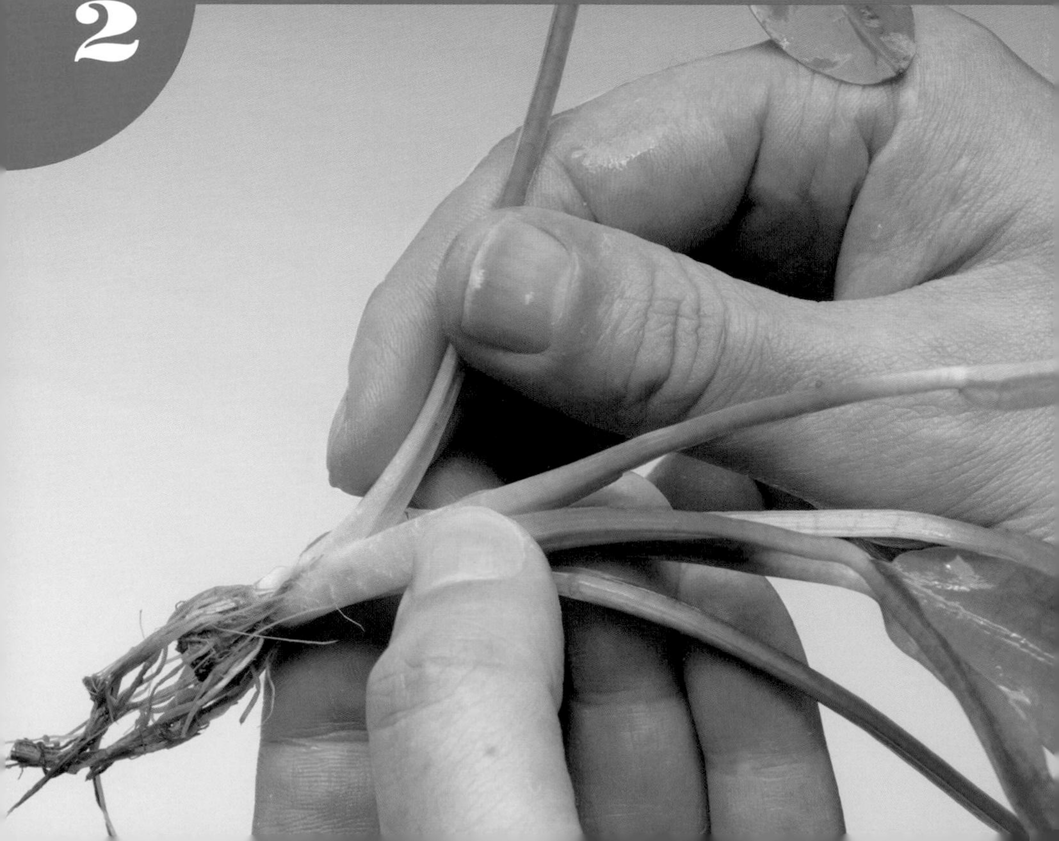

Q 009 哪裡買得到水草？

有三種地方能買到水草。

- **水族專賣店**
- **居家用品店的水族用品區**
- **水族專賣店的網路商店**

基本上，水草是指在水族箱中培育的植物，熱帶魚一樣能用水族箱飼養，因此可以選擇熱帶魚店家，也就是品項最豐富的水族用品專賣店。某些居家用品店的水族用品區很注重水草商品，品項多樣化。

不過，畢竟水草是高專業性商品，並不是每一間店都有庫存。家裡附近沒有水草專賣店的人，可選擇「水草品項多的網路商店」。

順帶一提，水草品項多的店家大致可分為主打「水草造景」的店，以及主打「稀有水草」的店。

想用各種水草來設計水景的人，選擇水草造景店；想收藏稀有水草的人，請尋找稀有水草較多的店家。主打造景的店家，通常會在店面展示水族箱造景，很容易分辨。

販售水草的店家。專賣店的特色是可以詢問栽培及造景建議。

TI

Q010 如何分辨健康的水草？

分辨健康水草的祕訣是「選擇直挺的植株」。從更專業的角度來看，每種類型還能分得更細，但總之只要依照直覺來判斷就行了。

店家會引進各式各樣的水草，有「水上葉」、「水中葉」（請參考Q5）、以及「組織培養水草」（請參考Q12），而健康的水草都很「直挺」。各品種的葉色不盡相同，例如褐色或帶灰的綠色，有些品種則看起來像枯草（如隱棒花屬）。因此，比起用顏色來判斷水草是否「直挺」，更應該注重植株的「緊實度」和「光澤感」。不過，有些新手可能不知道怎麼看出差異，這時可以請店員協助挑選。

此外，如果店家有固定的水草進貨日，則建議在進貨當天前往購買。雖然剛進貨的水草不代表一定狀況良好，但感覺應該會更「直挺」才對。

選擇直挺的水草！

Q011 在店家買了水草，底部卻受傷了

原則上應先盡力去除受傷部位，再種入水族箱。受傷的地方（尤其是溶化的部分）往往會擴散傳染到健康的地方，必須仔細確認情況，先移除再種植，才能預防問題發生。

只要固定水草的生長點（長出新葉和新芽的地方），植株就會慢慢長出新的葉子和芽。更極端的作法是只將生長點放入水族箱，植株就會生長。栽培有莖型水草時，我通常會剪掉大約3公分的長度；蓮座型水草則需去除所有受傷的葉子，再進行栽種（有時最後只會留下莖幹）。

新的水草放入水族箱後，在運送情況、環境變化的影響下，底部的葉子大多無法順利展開。因此，只保留最低限度的葉子，在水族箱中放入合適的葉子和嫩芽，讓水草融入水族箱就能自然展開葉片。

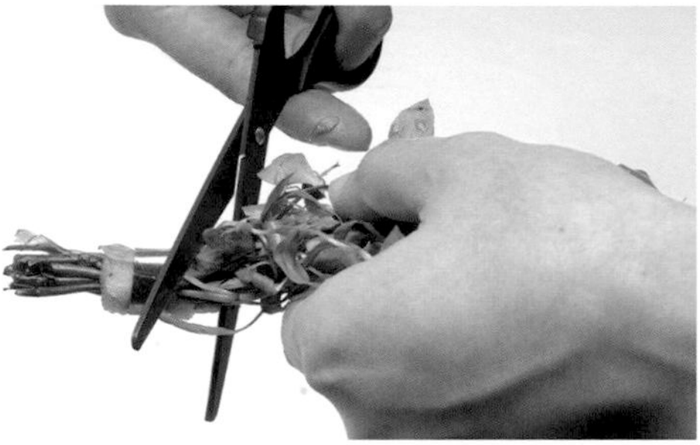

直接剪掉有莖草的下端。生長點是頂芽。

蓮座型水草，從外側拔除受傷的葉子。生長點在中間。

Q 012 什麼是組織培養水草？

所謂的組織培養水草就是從水草的組織開始培養水草。水草的組織通常放在小杯子裡販售。組織培養的最大優點是無農藥、沒有混入貝類（請參考Q98）或藻類（苔蘚）Q61~」，店家管理更方便，未來可能成為主流的銷售型態。

組織培養的缺點是很難知道植株種入水族箱後將如何生長。不過，組織培養的優點遠大於缺點，所以我大力推薦。

藻類是水草水族箱的大敵，常會發生藻類混入並大量繁殖的情況。只使用組織培養水草的話，就能將藻類混入的機率降到零，佈置水族箱時，不必再為藻類煩惱。組織培養水草需要特殊技術，價格通常比較高，但還是很推薦新手使用。製作水族箱時，一定要試試看組織培養水草！

NH

杯裝的培養水草，誠心推薦給初學者！

Q013 種植水草前，最好先清洗一遍？

水草可能在交易運送過程中殘留農藥，或是有貝類、貝類的卵、藻類附著，因此最好先仔細清洗一遍，再進行種植。自來水可以清洗水草，但需注意有些水草不能接觸自來水（請參考Q35）。市面上有「水草清洗劑」之類的藥劑，浸泡後可清除一部分的農藥或貝類的卵，將水草放入水族箱時，準備一份清洗劑更令人放心。尤其盆栽裡的水草，包裹根部的羊毛（棉狀物）多半會殘留農藥，請從盆栽取出水草並仔細移除羊毛。

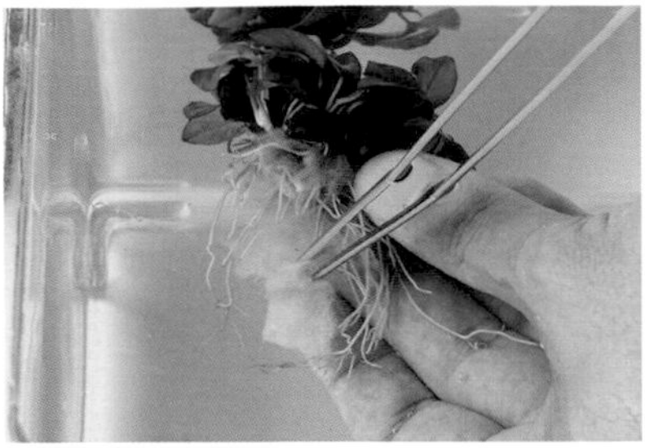

補翻

補充說明，組織培養水草（請參考Q12）在無菌狀態下培育，因此完全不必擔心發生前述情況，可以安心放入水族箱。種植前只要輕輕地清洗底部的寒天（栽培溶液）即可，作法非常簡單。

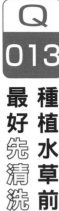

Q014 水族箱佈置完成後，可以立刻放入水草嗎？

基本上可以馬上種植。但水草放入剛做好的水族箱，並不會馬上變回原本的狀態。請特別記住，「水中葉」放入全新的水族箱後，植株很容易狀態不佳。建議在新的水族箱中使用「組織培養」或「水上葉」水草。

- **綠色系水草 ➡ 葉子變白**
- **紅色系水草 ➡ 紅色調變淡**

佈置初期水草特別容易出現以上症狀。只要安裝完善的培育設備，採取正確的方法，環境穩定後情況就會逐漸改善。最好別急著加入「肥料」，也不要採取不正確的處理方式（請參考Q33、55）。

此外，使用培養土（Q25～26）時，水草可能因為環境中的養分過量而溶化枯萎。水榕屬、隱棒花屬、辣椒榕屬等天南星科植物，以及部分星蕨屬、實蕨屬植物，特別容易發生這種情況。

佈置初期可能造成養分過多的因素如下。

- **新的培養土含有足夠的養分**
- **水草數量太少，無法消耗養分**

使用含有大量養分的培養土時，在加入之後頻繁換水就能預防水草溶化。

※頻繁換水＝每2天更換50%的水，約持續兩週。

Q 015 剛開始一定要購買有大量水草的水族箱嗎？

答案會根據水族箱的類型而有所不同。

- **無添加二氧化碳的水族箱⬇依喜好自由調整**
- **高光量、有添加二氧化碳的水族箱⬇儘量多種一些**

無添加二氧化碳的水族箱（例如魚類為主的水族箱），可依個人喜好來調整水草量。但若是正規水草水族箱造景時，初期加入大量水草，過程會更加順利。為什麼兩者會有差別呢？因為大量的水草能吸收多餘的養分，預防藻類滋生。多餘的養分將引起水質「白濁」、「發臭」等問題，增加水草量可以降低發生機率。極端的例子是大量種植水草，直到「無處可種」的程度。水草數量愈多，造景愈順利，請在預算範圍內嘗試種植水草。

順帶一提，水草的生長速度愈快，造景過程就愈順利。綠宮廷、小蕊珍珠草、小獅子草等有莖型水草的成長速度特別快，遇到適合水景畫面的品種時，一定要養看看！

※二氧化碳相關介紹，請詳見Q22及其他項目。

一起參加比賽吧！

說起最知名的水草造景大賽，那一定是Aqua Design Amano（ADA）主辦的世界水草造景大賽，通稱IAPLC，目前每年有超過2000名的參賽者，是全球規模最大的水草造景盛會。美國Aquatic Gardeners Association主辦的AGA大賽很有名。這兩場大賽都是每年舉行一次，參賽者將展示水族箱造景作品的照片。

水族箱造景是一種興趣活動，基本上只要在不影響社會的前提下，栽培者想怎麼玩都可以，但參加比賽就是另一回事了。沒有得到他人的好評，作品很難獲獎。舉例來說，IAPLC大賽的評審項目有「重現棲息環境」、「原創性與印象程度」、「大自然的表現」等，參賽者必須創作出符合標準的作品（※2021年評審標準）。

別想太多，直接參展看看！雖然抱著這種心情參賽也會覺得有趣，但既然都參加了，總會希望盡力拿到好名次，這是人之常情。我每年都會盡量參加IAPLC，未來也會持續展出作品。

對我來說，IAPLC不只是一年一度的重要比賽，更是獲取新知的好機會，透過實戰來嘗試新手法。專業培育家需要告訴客人「如何打造出美麗的水草水族箱」，所以我想建立一套重現性更高、更明確簡單的方法。為了達到這個目標，IAPLC是絕無僅有的大好機會。

撇開道理不談，單純好奇自己的作品第幾名也是很令人期待的事。畢竟是從零開始打造、令人自豪的水族箱，當然會期待名次囉。

順帶一提，我得過的最高名次是27名（IAPLC 2018，本書P8～9作品）。作品獲得客觀好評，可以讓創作者更有自信；如果做出了「正中紅心」的作品，請一定要參展。

水族箱造景行業的人，特別是想從事水草造景工作的人，建議每年都參加比賽，這也是為了提升技術。不論結果如何，比賽經驗都會成為未來的養分，獲得前段名次還有機會成名。請當作一種自我投資，挑戰看看吧。

TI

2019年ADA世界水草造景大賽「IAPLC」頒獎典禮。自2020年起，於YouTube公布結果。

Part 3

水草培育的必要設備

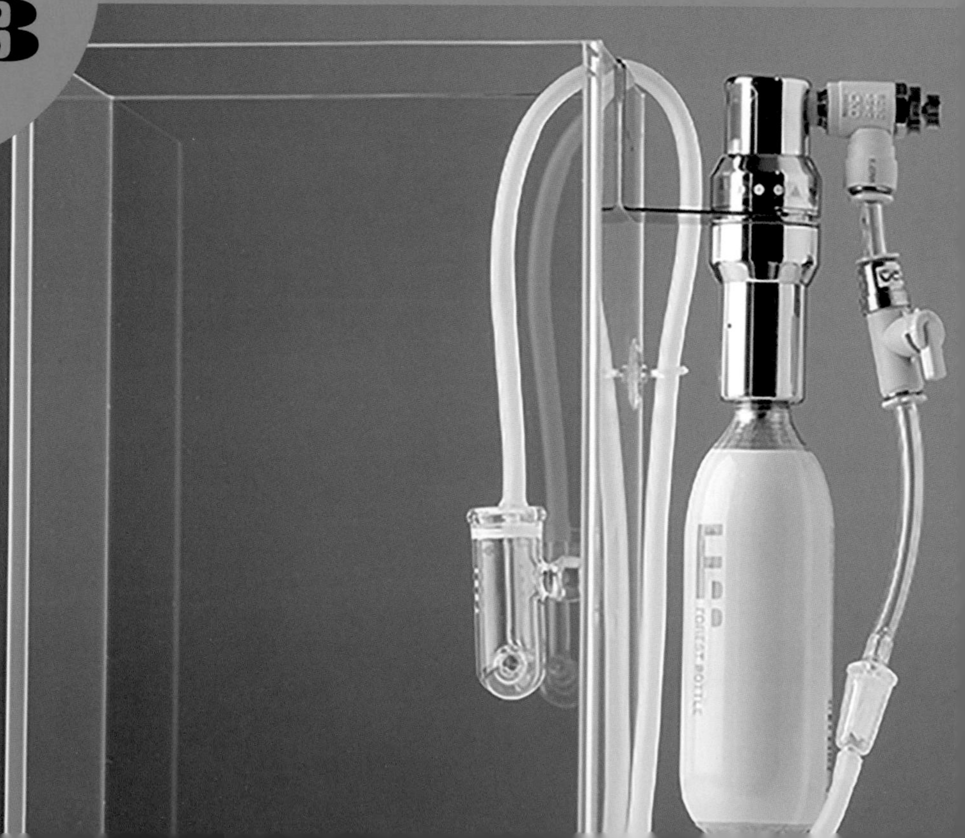

Q016 栽培水草必須準備哪些工具？

只要有杯子、自來水和照明就能玩賞水草。不過，因為這是最簡單、最極端的方法，只能讓健壯的水草在杯中漂浮。當然外觀還是很漂亮，別有一番樂趣，但既然機會難得，應該還是會想嘗試更好看的水草造景吧？開始水草造景前，需要先準備以下六種工具。

●水族箱／燈光／過濾器／二氧化碳添加套組／加熱棒／底床

不用過濾器及二氧化碳添加器也可以，但必須採取特殊管理方式，不適合初學者。因此，本書將六種工具列為必備項目。

「設備能力」將大幅影響水草培育的成果。舉例來說，栽培需要大量光照的水草時，在照明量太少的情況下，不管技術再好都很難養得好。因此，使用適合培育水草的設備是很重要的事。接下來將說明各項器材的具體挑選方法。

NH

水草水族箱的專用設備（照片是二氧化碳添加器套組）。

[水草培育必備工具]

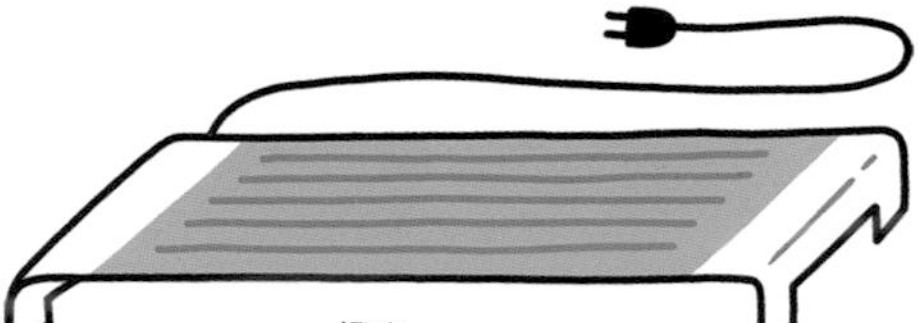

燈光

過濾器

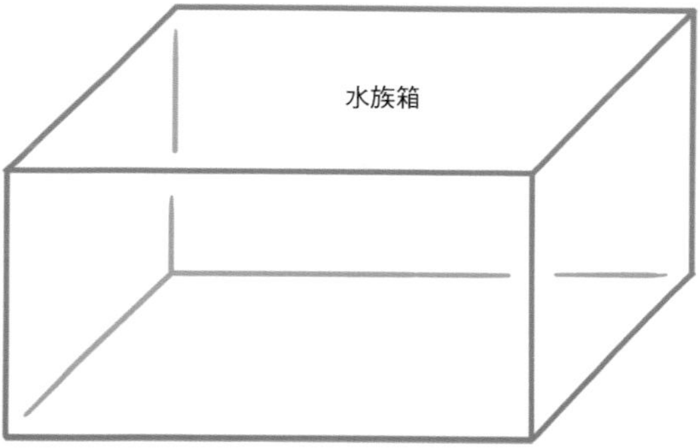

水族箱

底床

二氧化碳添加器

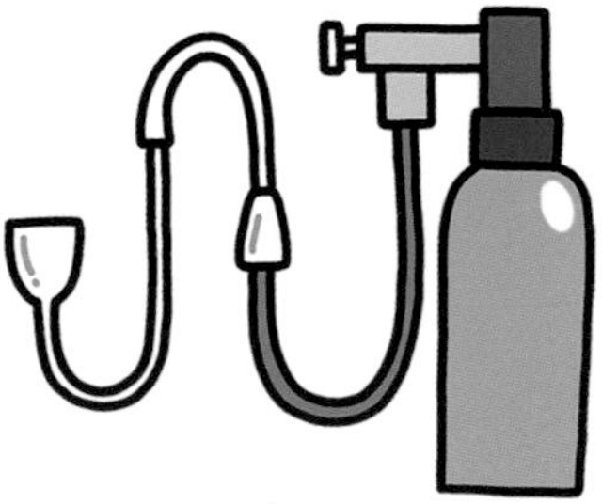

加熱棒

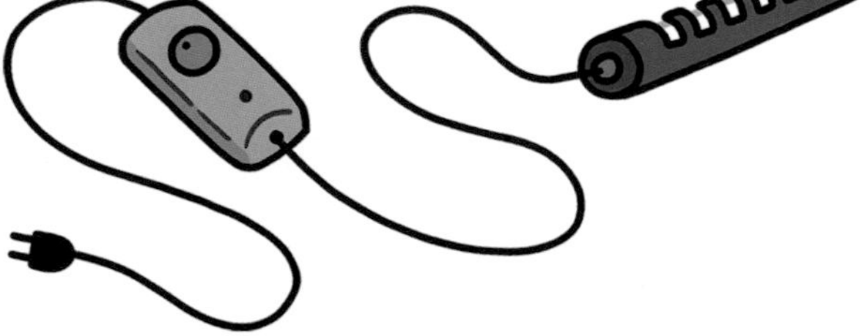

Q 017 水草可以在瓶子裡栽培嗎？

水草可以在小瓶子裡栽培。水蘊草之類的水草特別健壯，只要在500毫升的寶特瓶中加入自來水，放在明亮處就能養得好。這也是一種很棒的水草水族箱。

用小瓶子栽培時，只要頻繁更換自來水，水草就能利用自來水中的礦物質及二氧化碳成長茁壯。剛從水龍頭流出的水中含有豐富的二氧化碳，所以祕訣就是使用「新鮮的自來水」。如果瓶子裡沒有魚類、蝦類等以鰓呼吸的生物，則可以不使用除氯劑（氯中和劑）。正因為瓶子很小才能輕鬆體驗「水草栽培」的樂趣。小瓶子也能做出照片那樣的複雜造景，但必須熟悉到一定程度才能完成。

第一次挑戰水草水族箱的人，最好選擇周邊器材完善的水族箱。開始佈置前，請參考Q18！

成分添加套組，小瓶子也能玩賞正式造景。

Q 018 應該使用多大的水族箱？

很多人會建議養魚的人儘量準備大一點的水族箱，因為水量愈多，水質愈穩定。水草也是同樣的道理，但第一次嘗試就直接挑戰大型水族箱，應該很令人不安吧。因此，建議新手使用寬度30～60公分的水族箱。這是市面上很常見的尺寸，周邊器材的選擇也很多樣化，相當方便。不只是作者本人推薦，許多店家或製造商也都建議新手選擇這種尺寸，因此社群媒體、網路上可以輕易取得相關資訊。

先從30～60公分的水族箱開始，只要是放得下的範圍都可以，請儘量選擇大尺寸的水族箱。補充說明，我個人建議初次挑戰水族箱造景的人，如果想體驗造景樂趣，請選擇30公分的水族箱；比較熟悉操作的人，如果想挑戰正規的造景，則推薦45～60公分的水族箱。

Q 019 一定要準備加熱棒嗎？有推薦的款式嗎？

● （18℃）22℃～28℃（30℃）

這是水草的生長溫度。括號內是低溫和高溫的極限。雖然不表示所有水草超過溫度範圍就會立刻枯萎，但可以當作參考。因此，低溫時期必須準備加熱棒。考慮到水族箱中的其他生物（例如魚類），請將溫度調至25℃左右。即便水溫對水草來說還用不到加熱棒，也可能會對其他生物造成負擔，所以最好在水族箱裡安裝加熱棒。

建議選擇體積小又不顯眼的加熱棒。問題不在於功能，而是體積太大會影響造景。Dial-BRIDGE R・AF（EVERES）是作者的愛用款，不僅體積小且方便安裝，還能更改溫度設定，十分方便。

NH

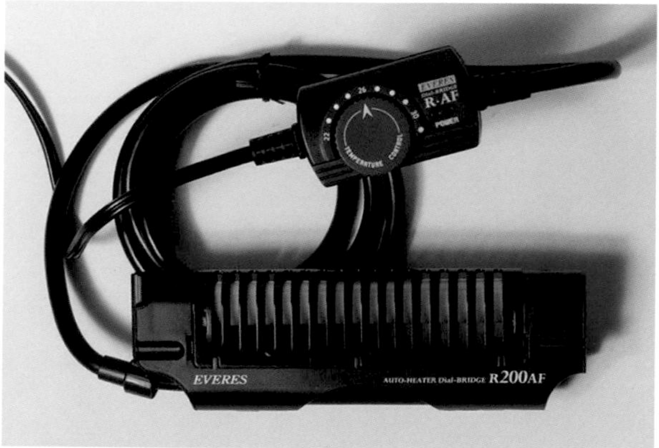

自動調溫器一體式加熱棒，儀表盤可設定溫度（Dial-BRIDGE R・AF系列）。

Q 020 如何挑選燈具？

燈光的選擇對水草來說至關重要。照明量太少將導致水草不能順利行光合作用，無法充分生長。那挑選的標準是什麼呢？我會根據「Lm流明量」來選擇。水族箱造景專用燈具的製造商網站或商品包裝上會標示流明量，請確認看看。使用寬度30～60公分的水族箱時，請先參考以下內容再挑選燈具。

- **30公分水族箱（例：長30×寬18×高24公分）大約700Lm**
- **45公分水族箱（例：長45×寬30×高30公分）大約2000Lm**
- **60公分水族箱（例：長60×寬30×高36公分）大約3000Lm**

不過，用流明量來說明可能讓人難以理解，建議詢問主打水草的店家並挑選燈具。無添加二氧化碳的水族箱，流明量只要參考數據的一半就夠了。對無添加二氧化碳的水族箱照射強光，水草也沒辦法全部吸收，甚至可能因為光照過強而讓葉子曬傷。

因此，以整體的平衡性來考量照明度也很重要。

此外，近年來的燈具多半是LED燈。專為水草調整的LED燈可以順利栽培水草，請安心使用。

NH

根據水族箱的尺寸選擇燈具！

Q 021

推薦哪種水草水族箱過濾器？

推薦以下三種適合水草水族箱的過濾器。

●外掛式過濾器／外部過濾器／底部過濾器（水中馬達款）

這些款式不一定是最佳選擇，請根據水族箱的水量挑選合適的過濾器。以下簡單整理出每種過濾器的適合水量及特徵。

■ 外掛式過濾器

建議水量：大約～20ℓ

安裝方便且容易保養，是初學者也能輕鬆操作的類型。可充分過濾水型水族箱，價格比較親民，推薦新手使用。

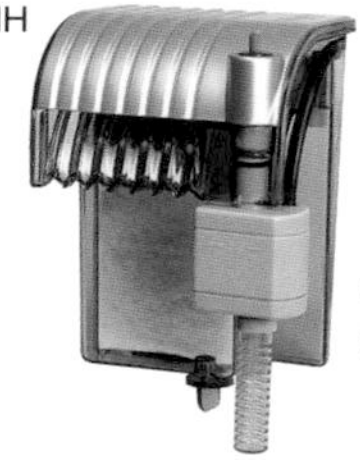

NH

外掛式過濾器。適合小型水族箱。

■ 外部過濾器

建議水量：大約30ℓ～

水量較多的水族箱建議使用外部過濾器。操作及管路方面需要一些技巧，適合有經驗的人。只在水族箱裡放管線，可以保持內部整潔。

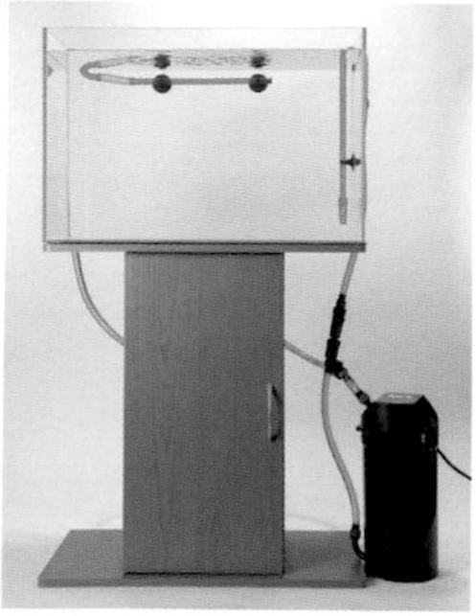

NH

外部過濾器的套組（只在水族箱中安裝管線）。

■ 底部過濾器（水中馬達款）

建議水量：大約30ℓ～

將部分底床當作過濾器使用的類型，有驚人的過濾功能，但某些類型的底床不適用。我會視情況而定，主要用來過濾30ℓ的水族箱；通常大型水族箱會與外部過濾器一起使用。

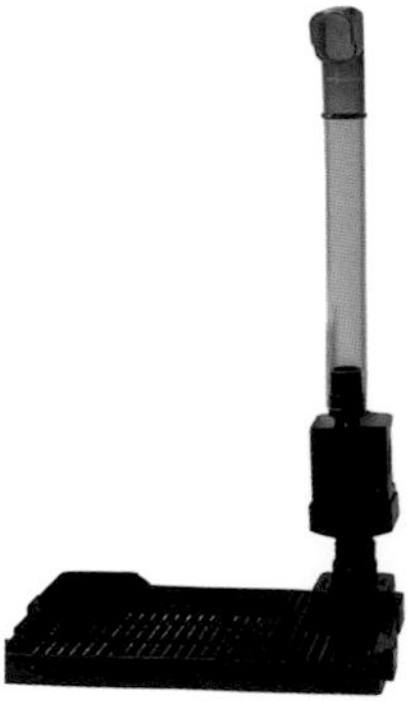

M

水中馬達型底部過濾器。在底部放濾板，鋪上培養土當作濾材。

Q022 為什麼一定要添加二氧化碳？

對於同樣從事水草栽培工作的人來說，「添加二氧化碳」是一件理所當然的事，但再次想想就會覺得很奇怪吧。為什麼要加二氧化碳？因為水草必須行光合作用。

光合作用是植物的運作機制，植物接收光照（所以必須使用燈光），利用水和二氧化碳來製造氧氣和澱粉。水草也是植物，透過光合作用製造出維生用的營養成分。陸地植物可以吸收空氣中的二氧化碳，但水草不行。水族箱是密閉空間，一定要添加二氧化碳，否則會份量不足。某些水草的品種可在不添加二氧化碳的環境中生長，但要展現水草原本的美感就必須添加二氧化碳。

二氧化碳添加套組的價格不盡相同，通常需要花一筆初期費用。不過，為了養出茂密生長的美麗水草，請一定要挑戰加入二氧化碳！

TI

無添加二氧化碳的水族箱佈置8天後的情況。

TI

有添加二氧化碳的水族箱佈置8天後。水草的種植量幾乎與上方水族箱相同，成果卻差很多。

Q023 二氧化碳有哪些添加方式？

二氧化碳有四種添加方式。

● 高壓氣瓶型／簡易氣瓶型／發酵型／化學型

作者推薦使用「高壓氣瓶型」。雖然是四種款式中初期費用最高的類型，但可以很穩定地加入二氧化碳。剛開始想嘗試簡單方法的人，建議選擇「發酵型」。日本有販售發酵型水草二氧化碳入門組（GEX），可以輕鬆完成。

※下一頁接續。

■ 高壓氣瓶型

可穩定加入定量的二氧化碳，適合正規的水草水族箱。可自由調整添加量，從小型到大型水族箱都能廣泛使用。

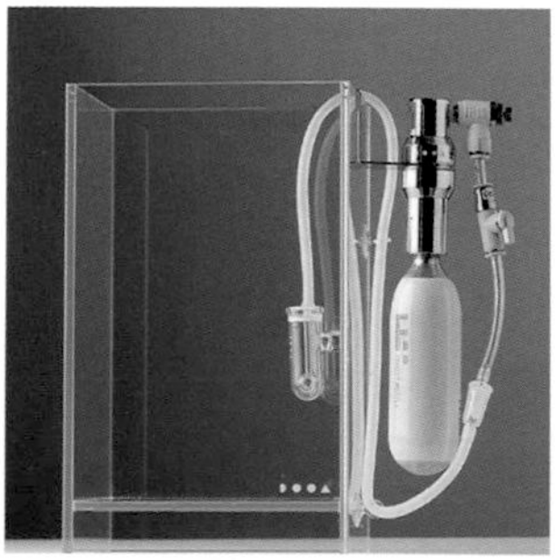

NH

高壓氣瓶型。從右邊氣瓶開始，藉由各種工具及管線將二氧化碳加入左邊的水族箱。

添加二氧化碳（高壓氣瓶型）的必備工具

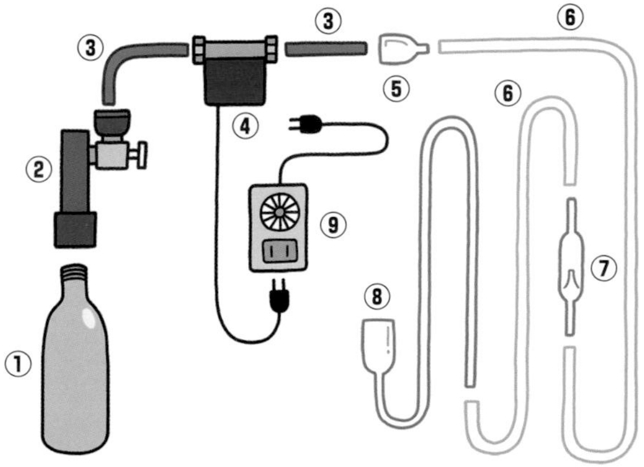

①CO_2高壓氣瓶
②空氣調壓器（附調整閥）
③耐壓管
④電磁閥※
⑤逆止閥
⑥矽膠管
⑦CO_2計泡器
⑧二氧化碳擴散筒
⑨計時器

※連接計時器，切換添加二氧化碳的開關。在計時器上連接燈光和電磁閥，就能在開燈期間加入二氧化碳。

NH

簡易氣瓶型。一天一次，按壓氣瓶，在水族箱的擴散筒中儲存二氧化碳（開燈中）。

■簡易氣瓶型

安裝方式很簡單，但維持費比高壓氣瓶型還高。此外，通常不能微調二氧化碳的添加量，用於製作正規水草水族箱時，份量稍嫌不足。想先確認二氧化碳添加效果的人適合使用。

NH

發酵型。瓶中有細菌配方和營養劑，藉由細菌活動來產生二氧化碳。

■發酵型

透過酒精發酵產生二氧化碳的款式。利用細菌來生成二氧化碳，因此生成量不穩定（特別容易受溫度影響），但好處是安裝費和維持費較便宜。雖然很難微調添加量，但可以做到一定程度的控制。很難大量添加二氧化碳，最好用於小型水族箱。

TI

化學型。檸檬酸和小蘇打粉在厚重的容器中發生化學反應，並產生二氧化碳。

■化學型

大量的檸檬酸和小蘇打粉發生化學反應，並產生二氧化碳。如果使用很牢固的容器，用起來感覺很像高壓氣瓶。從二氧化碳的產量來看，最好搭配水量50ℓ以內的水族箱。使用高壓氣瓶的管線零件，就能在某種程度上自由調整添加量。

Q 024 如何降低添加二氧化碳的成本

想壓低添加二氧化碳的成本時，可採取以下三種方法。接下來將逐一說明。

■使用大型氣瓶（通稱綠瓶）

將高壓氣瓶型的氣瓶換成大型「綠瓶」。氣瓶是綠色的，所以被稱為綠瓶。氣瓶有多種尺寸，尺寸愈大愈便宜。綠瓶的容量很大，建議用於大型水族箱。

■發酵型

如果瓶子不再生成二氧化碳，可以換成培養基，更換價格比氣瓶便宜。但二氧化碳產量不多，較適合小型水族箱。

■化學型

只需要購買檸檬酸和小蘇打粉，更換價格一樣比氣瓶便宜。從二氧化碳的產量來看，較適合用於60公分以內的水族箱。

目前維持費最便宜的方法是使用大型氣瓶（尤其是5公斤以上的氣瓶）。主打水草的店家應該都能買到綠瓶。二氧化碳用完後，建議到原店更換氣瓶。

高壓氣瓶綠瓶的添加量很容易控制，可用於大型水族箱，對想要長期栽培水草的人來說很值得購買！順帶一提，作者自家使用的是10公斤綠瓶。

GT

大型氣瓶（綠瓶），CP值超高！

Q 025

有哪些推薦的底床？

簡而言之，底床是指鋪在水族箱底部的基底，是作為水族箱土壤的重要元素。底床含有「培養土、沙粒、沙子」等成分，水草水族箱建議使用培養土。

培養土的缺點是有壽命限制，未正確使用可能產生髒污或滋生苔蘚。但培養土的一大優點，是能夠將水族箱的水變成水草喜歡的水質。培養土大致可分為「營養型培養土」及「吸附型培養土」，建議選擇吸附型培養土。

■營養型培養土

含有豐富的營養成分，只要妥善處理就能輕易維持，長期打造良好環境。另一方面，多餘的養分可能造成水質污濁、藻類滋生，因此適合已熟悉管理程序的人。

■吸附型培養土

養分含量少，強調培養土本身具有的吸附作用，因此被稱為吸附型。雖然因為養分較少，肥料耗盡的速度更快，但產生髒污或藻類的機率較低，較適合初學者。

近期有多家廠商販售培養土，產品特色不盡相同。只看包裝很難做選擇，建議購買時先詢問店員的建議。

※培養土的商品很多樣化，部分商品不適合水草。

GT

作者推薦的營養型培養土
AQUA SOIL AMAZONIA 一般款（ADA）

作者推薦的附著型培養土
PLATINUM SOIL POWER（JUN）

Q 026

底床一定要用培養土嗎？

請試看看沙粒或沙型底床，應該會很有趣喔。

培養土的確比較容易培育水草，但不一定要使用培養土。沙粒或沙子也能夠栽培水草。雖然沙子與水草培養土不同，不僅不含養分，也不能製造出適合水草的水質，但優點是可以長期使用。

就專業角度而言，某些種類的沙粒或沙子會提高水質硬度或pH值，形成不適合培養水草的水質。所以，用沙粒或沙子當底床時，必須使用不會對水質造成負面影響的種類。

我很常使用TROPICAL RIVER SAND（DOOA）、LA PLATA SAND（ADA）、COLORADO SAND（ADA），它們可以維持正常的水草造景環境。沙子的養分比培養土少，所以水草的成長速度較慢。但也因為如此，沙子更適合打造需要長期維持的水景，如果你想以三年、五年、十年為單位，長期養殖水草水族箱的話，

TI

使用LA PLATA SAND底床的造景示範。

作者愛用的水質調整劑

以下介紹作者愛用的水質調整劑和營養劑。稍微了解一下產品的使用方法，就能更順利地培養水草並管理水族箱。各篇問答將詳細說明使用方法，請前往閱讀！

GT

OKOSHI（神畑養魚）

含有超過十種營養成分的固態肥料。請埋入底床中使用（參考**Q51**）。

GREEN BRIGHTY MINERAL（ADA）

可添加鎂及稀有元素的液體營養素。搭配BRIGHTY K，效果更佳（參考**Q33**）。

BRIGHTY K（ADA）

可添加鉀的水草專用液體營養素。不易因使用過量而滋生藻類，第一次添加營養素時，推薦使用這款（參考**Q33**）。

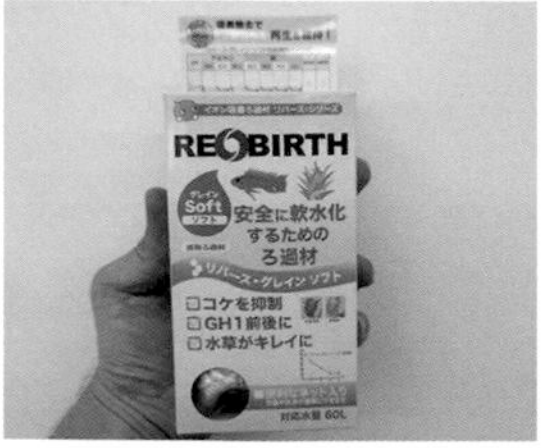

REBIRTH GRAIN SOFT（Water Engineering）

可吸收鉀和鎂，將GH值（總硬度）提升或降低一個數值。有效預防黑毛藻、珊瑚狀苔蘚等植物（參考**Q32、52、61**）。

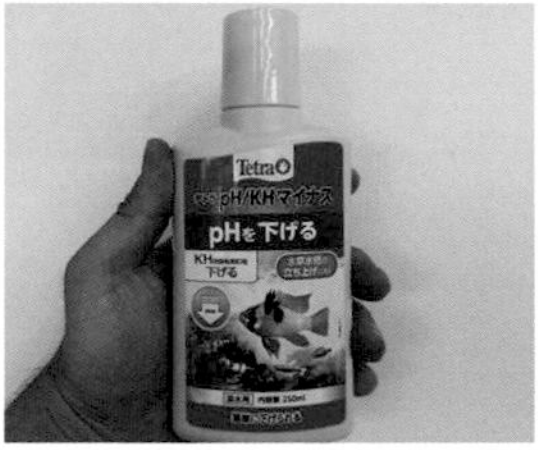

Tetra pH/KH Minus（Spectrum Brands Japan）

pH調降劑，主成分為鹽酸和硫酸。換水時使用，可輕鬆降低pH值（參考**Q32、61**）。

棒狀肥料（神畑養魚）

含有超過十種營養成分的固態肥料。折斷棒子就能調整用量，也很適合用於小型水族箱（參照**Q51**）。

NEOPROS（KYORIN）

含有兩種生菌的薄片魚餌。菌種可分解魚類的糞便及剩餘飼料，水質不易污染（參考**Q99**）。

CLEAR WATER（ADA）

可聚集並去除水中微小髒污的添加劑。用於水質污濁的情況，例如藍綠菌大量滋生，或是佈置初期的時候（參考**Q62、75**）。

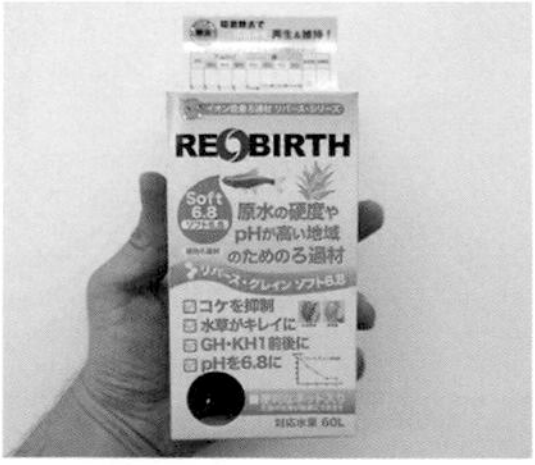

REBIRTH GRAIN SOFT 6.8（Water Engineering）

軟水作用比「REBIRTH GRAIN SOFT」更好，適用於高硬度素材的造景，或是自來水硬度較高的地區（參考**Q38、61**）。

Part 4

水草培育

─基礎篇

Q027 如何為水草提供平衡的環境？

●光照／二氧化碳／水質／營養／溫度

以上是栽培水草的五大必要條件。水草無法在只符合部分條件的情況下順利生長。例如，加了二氧化碳卻沒有照光；提供強光並添加二氧化碳，但水溫很低。不能多也不能少，取得整體平衡才是關鍵。

以上五項條件中比例最少的因素將決定水草的生長情況。所以特別加強部分條件是沒有意義的。為了無法順利栽培水草而苦腦時，請思考看看，把注意力放在目前水族箱有哪些不足之處。

對水草來說這五項條件都很重要，但檢查水族箱時是有優先順序的。依照以下步驟進行檢查，可降低問題發生機率。

●溫度⬇光⬇二氧化碳⬇水質⬇營養

重點在於營養要在最後檢查。因為營養成分無法在其他條件不足的前提下發揮作用。多餘的養分和藻類（苔蘚）滋生問題息息相關，所以即使水草狀況不佳，也不要急著加入營養劑。一定要先確認其他條件。

Q028 水溫不能太高嗎？

先回答問題，水草水族箱的適當溫度如下。

●（18℃）22℃～28℃（30℃）

※括號為溫度的上限與下限。

雖然不一定要完全依照以上水溫條件，但水草在此範圍內更容易生長。

冬季只要使用加熱棒就能輕易提高溫度，所以沒什麼問題，但夏季比較難處理。一旦溫度超過30℃，水草特別不容易培養和管理。溫度高的時候，水草的代謝速度加快，對於光照、二氧化碳、養分等條件的需求增加，因此不容易處理。此外，藻類（苔蘚）的活性也會提高，繁殖量大增是夏季的一大難題。

根據水草的代謝速度來增加二氧化碳和養分的添加量，可達到一定的效果，但這麼做有可能促使藻類滋長。因此，夏季的應變重點是利用降溫風扇、水冷機、冷氣機等器具，使水溫低於30℃。

Q029 應該開燈幾小時？

水草水族箱的建議開燈時間如下。

●（5小時）8小時～10小時（12小時）

※括號為時間的上限與下限。

初學者大約開燈8小時，進階者則建議開燈10～12小時。開燈時間太長或太短都對水草不好。適當的照明時間是培育漂亮水草的祕訣。

長時間開燈較能養好水草，但藻類的繁殖量也會隨之增加。因此，請先熟悉藻類的處理方法，再挑戰長時間開燈。相反地，縮短開燈時間可以減少藻類的繁殖量。遇到令人困擾的藻類滋生時，請暫時關燈（5小時以內）。關燈期間可借助多齒米蝦、篩耳鯰魚等清潔員的力量來減少水族箱裡的藻類。水草也有生理時鐘的功能，請每天在固定時間開燈。

●開燈時程範例

10～18小時

15～25小時

只要時間固定，晚上開燈也沒關係。使用計時器以達到規律的自動化管理，請跟燈光一起準備。

※關於藻類的處理方式，請從**Q61**開始閱讀。

Q 030 應該加入多少二氧化碳？

二氧化碳的添加量以「每幾秒鐘加入幾滴」為準則。添加量會依水量而增加，請參考下表。

作者個人認為，二氧化碳不足導致水草生長不良是很常見的情況。因此添加二氧化碳時，必須以二氧化碳計泡器來確認用量。

如果依照表格來添加二氧化碳，卻發現水草的狀態還不夠好的時候，請檢查pH值。事實上，即使在高pH值的環境中添加二氧化碳，水草也很難利用，所以成效並不好。應該在pH 6.5以下的環境中添加二氧化碳（請參考Q32）。

NH

二氧化碳計泡器的建議數值如箭頭所示。

■ 水量與二氧化碳添加量的參考數值

表格製作／GT

水量	添加量（陰性水草）	添加量（陽性水草）
15ℓ	3秒/1滴	2秒/1滴
30ℓ	2秒/1滴	1秒/1滴
60ℓ	1秒/1滴	1秒/1滴～2滴
100ℓ	1秒/2滴	1秒/2滴～3滴
150ℓ	1秒/3滴	1秒/3滴～4滴
300ℓ	1秒/4滴	1秒/5滴～7滴
650ℓ	1秒/5滴	1秒/9滴～15滴

※添加量需視環境變化而定，以上數值僅供參考。
※日本的水草愛好者通常以「滴數」作為二氧化碳的添加量單位，而不以「氣泡數」計算。

Q031 如何在不加二氧化碳的前提下養出漂亮的水草？

有些水草即使不加二氧化碳也能照常培育。水草不會在有二氧化碳的環境中旺盛生長，但能保持一定程度的美觀性。作者從眾多品種中介紹十種容易栽培、方便佈置的水草。歡迎設備不夠完善的水草玩家從中挑選。還有很多品種，在圖鑑中尋找合適的水草也是一種樂趣！

※關於各項說明的前景、中景、後景，請詳見Q79！

TI

有翅星蕨

如果被問到哪種水草最健壯，我推薦有翅星蕨。它的特性是可以附著在石頭或流木上，沒有底床也能生長。

TI

小獅子草

嫩綠色葉片是很美麗的品種。可在無添加二氧化碳的環境中快速生長，一段時間後會變茂密，水質淨化能力高。

TI

虎耳

具有豐厚的葉片，存在感十足。葉色會在開燈後變深，一段時間後又會變淺，是很有趣的特性。形狀有時讓人聯想到花朵，因此建議種在局部位置。

TI

莫絲

常見品種，很久前就是苔蘚的同伴。凌亂茂密的外型有人喜歡，有人不愛，但植株很健壯容易栽培，適合當作產卵床或幼魚的藏身處。

TI

過長沙

有綠色圓葉的可愛品種。植株朝水面筆直生長，因此草叢的生長方向和尺寸很容易控制。生長速度慢，可將植株剪短並當作前景使用。

TI

Pogostemon quadrifolius

葉形類似細膠帶，葉叢茂密，建議當作後景。在不加二氧化碳的環境中長得更快，想隱藏過濾馬達的時候，可將它種在附近作為遮蔽物。

TI

紫藤屬

葉形類似春菊的獨特品種。葉叢的體積較大，建議種在中景的位置。可吸收大量養分，淨化水質能力高。

TI

龍骨瓣莕菜

具有柔軟的圓葉，外型類似可愛的睡蓮。種在局部位置可以打造出獨特的水景。葉子朝水面生長，適合當作後景。

紅花睡蓮

通常會連同球狀的根莖一起販售，需將根莖種入底床。有紅色大葉片的水草相當少見，可作為一大亮點。

TI

旋葉苦草

葉形類似韭菜，是形象清新的品種。在後景種一排旋葉苦草，打造如窗簾般的清爽水景。單株的體積較小，需要多種一些。

TI

Q 032 水草喜歡什麼樣的水質？

●弱酸性軟水

pH值是最具代表性的水質標準，用來表示水中的氫離子濃度，7.0是中性。大部分的水草喜歡pH值6.5以下的水質，也就是弱酸性。雖然不一定要嚴格遵守，但低於6.5的水質能提高水草吸收二氧化碳和肥料的效率。此外，硬度也是一種水質指標，表示鎂和鈣離子在水中的總含量，測量方法有很多種，美國的硬度單位是mg/ℓ，水草的適當硬度大多為10～50mg/ℓ，也就是「軟水」。水質的硬度過高將導致水草生長不良。

pH值和硬度是息息相關的，具有「弱酸性≒軟水」的關係（相反地，鹼性≒硬水）。

可能有些人一聽到「水質標準」就會有所顧忌，但其實維持「弱酸性軟水」並不困難。只要在底床鋪上水草專用培養土，就能自然製造出「弱酸性軟水」的環境。

不過，自來水硬度高的地區或有鋪石頭的水族箱，較難形成弱酸性軟水。這時可使用Tetra pH/KH Minus（Spectrum Brands Japan）水質調整劑，或是REBIRTH GRAIN系列（Water Engineering）過濾劑來改善水質（請參考P44）。

※自來水的相關說明請參見Q38，石頭的則在Q86。

GT

水草專用培養土可形成「弱酸性軟水」。

NH

請養成確認水質的習慣。

Q 033 如何善用營養素（肥料）？

水草有14種必需養分，水族箱內的水草主要缺乏以下6種。

●氮／磷／鉀／鈣／鎂／稀有元素（鐵、硼等）

請定期為水草添加以上幾種養分。不過，即使加了營養素，不健康的水草也無法充分吸收，且營養素過多可能造成藻類滋生。因此添加營養素前，請事先檢查其他條件，比如光線是否充足，添加量是否足夠，水質是否合適（請參考Q20、30、32）。

此外，不同的底床素材的營養素，添加的時間也不盡相同。

●有沙粒、沙子的水族箱➡大約從佈置水族箱後的第2週開始

●有培養土的水族箱➡大約從佈置水族箱後的第1個月開始

如果培養土中已含有一些養分，即使暫時不加營養素，水草也能充分生長。要妥善使用營養素並不容易，建議初學者從添加「鉀」和「稀有元素」開始慢慢熟悉使用方法。請參考P44作者推薦新手的營養劑。

Q 034 水草需要氣泡機嗎？

不一定要準備氣泡機（打氣機），但打氣機可以達到以下效果，所以還是建議安裝。

■ **預防油膜**

打氣機可以打散浮在水面的油膜，讓水面保持乾淨。

■ **預防二氧化碳中毒**

添加二氧化碳的水族箱，有時會因為某些原因而累積過多的二氧化碳，可能造成生物「二氧化碳中毒」，打氣機可以預防這種情況發生。

使用打氣機的時間最好跟開燈時間錯開。加入水族箱中的二氧化碳會被打氣機釋放（但不會全部釋放），所以在二氧化碳添加期間使用打氣機會降低效率。假設開燈時間是早上10點～晚上6點，打氣時間就要設在下午6點～隔天早上10點（這種方法稱為夜間打氣）。

NH

Q035 水草能用自來水培育嗎？

只種水族箱不必使用除氯劑就可以。但需注意有些水草不能接觸氯氣，例如金魚藻、馬達加斯加蜈蚣草等透明柔軟的水草，它們對藥劑比較敏感（可能溶化或枯萎）。這些水草不適合接觸氯氣，最好使用已除氯的水。此外，有魚、蝦的水族箱，除氯是基本工作。過多氯氣會對魚鰓造成傷害，導致呼吸困難。

除氯時，要在水桶裡倒入自來水和除氯劑。液體除氯劑只要攪拌一次後就可以立即加入水族箱。

如果水族箱的尺寸較大或數量較多，用專用淨水器會比較方便。可將淨水器連接到來水管路。如果自來水管路已加裝淨水器，使用前可先用「餘氯測試劑」來確認。

Q 036 可以用礦泉水嗎？

在設備不多的極小空間裡（例如寶特瓶）栽培水草時，建議使用自來水。因為自來水含有豐富的空氣，空氣中的二氧化碳有助於水草行光合作用。

普通的水族箱最好採用「軟水」礦泉水栽培。軟水環境會降低水質硬度，提高水草吸收二氧化碳和肥料的效率，進而改善生長情況。但是，絕對不能使用「硬水」礦泉水。水質硬度高會降低pH值，造成水草生長惡化。

使用礦泉水換水的成本很高。幸虧日本的自來水適合水草生長（軟水地區更容易栽培），所以比起一般的礦泉水，更建議使用自來水。

住在高硬度自來水地區的人，只要在水族箱專用淨水器「NA WATER」中安裝「陽離子過濾器」就能製造軟水。為此困擾的人請務必嘗試看看（參考Q38）。

請注意，水草不適合以硬水栽培。
（照片為知名的高硬度Contrex礦泉水）

Q 037 可以使用除藻劑嗎？什麼是魚病藥？

市面上有多種水族箱專用藥品和添加劑，許多產品可用於水草缸。但是一定要特別注意「除藻劑」和「魚病藥」的使用方式。

■除藻劑

顧名思義，除藻劑是一種讓藻類枯萎、抑制生長的藥品。藻類和水草都會行光合作用，由於藥品含有弱化藻類的成分，所以水草也會跟著受損。大致而言，標榜「驅除」藻類的藥劑大多會造成水草枯萎；標榜「預防」的藥劑則會延緩水草的生長速度。

藻類驅除劑一般會阻止植物行光合作用，藻類預防劑則是利用植物的相剋作用來達到目的。相剋作用（Allelopathy）是指施放可抑制其他植物生長的物質，防止其他植物入侵，作用效果不如驅除劑，因此對水草的影響有限。

■魚病藥

魚病藥是消毒劑和驅蟲劑的統稱，在魚類生病時使用。魚病藥的成分多半會造成水草枯萎，因此不能在水草缸中長期使用。尤其是含有 喃西林、磺胺甲基嘧啶鈉等成分的殺菌劑，將對水草造成嚴重傷害。不過，有些藥劑可用於水草缸，例如含有孔雀石綠的AGUTEN或HIKOSAN Z。因此，發生初期白點病、胡椒病和水黴病時，可在不隔離魚類的情況下直接投藥治療。

GT

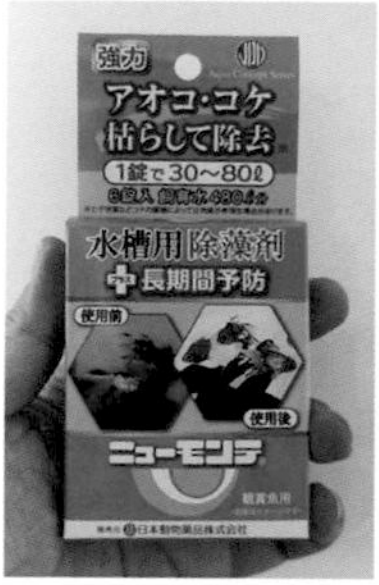

除藻劑。使用時需注意，可能造成水草生長惡化。照片為「水草專用除藻劑及長期預防藥劑」（日本動物藥品）。

GT

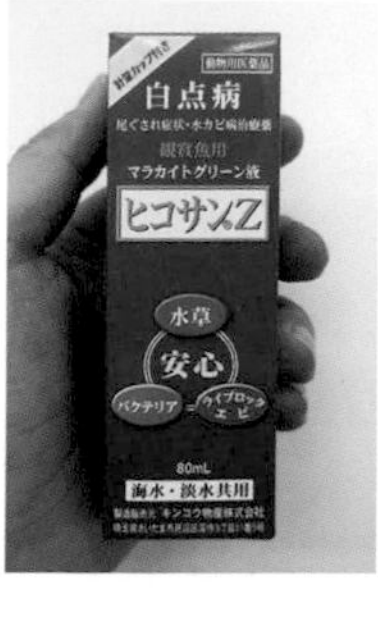

適用於水草缸的魚病藥。照片為HIKOSAN Z（キンコウ物產）。

Q 038
自來水的水質真的有分適合及不適合培育水草的地區嗎？

水草偏愛「微酸性軟水」（請參考Q32）的水質。因此，自來水硬度偏高的地區需要進行軟化處理。使用水草專用培養土可達到一定程度的軟化作用，在這種環境中栽培，前一至三個月不會有問題；然而一旦軟化作用減弱，水草的生長情況將惡化。因此住在高硬度自來水地區的人需要做好軟化工作，才能長期維持美麗的水草缸。以下是作者處理水質硬度的方式，為此困擾的人請嘗試看看。

■安裝可降低硬度的濾材

在過濾器中使用「PALUDA CLEAN PC」（DOOA）或「REBIRTH GRAIN SOFT 6.8」（Water Engineering）等產品可降低硬度。軟化效果會逐漸減弱，請定期更換。更換頻率視硬度高低

GT

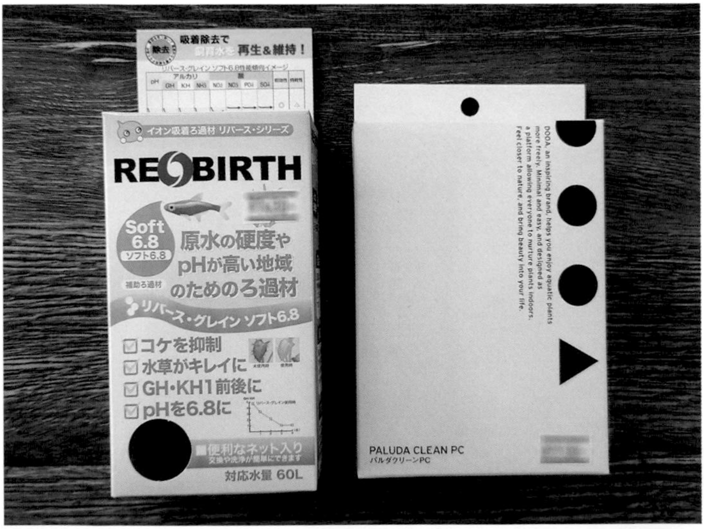

水質軟化產品也是不錯的方法。右邊是「PALUDA CLEAN PC」（DOOA），左邊是「REBIRTH GRAIN SOFT 6.8」（Water Engineering）。

而定，建議每一至三個月更換一次。

■使用可降低硬度的淨水器

在「NA WATER」（ADA）中安裝「陽離子過濾器」（ADA），自來水硬度高的地區就能輕易取得軟水。做法很簡單，只要連接自來水管，將水注入水族箱就行了。初期成本較高，但能夠大幅減少換水程序，預算較寬裕的人一定要試看看。

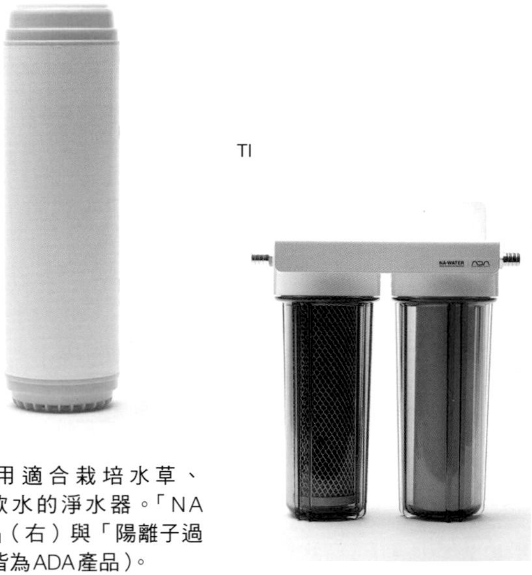

推薦使用適合栽培水草、可製造軟水的淨水器。「NA WATER」（右）與「陽離子過濾器」（皆為ADA產品）。

■減少換水的頻率

對住在高硬度地區的人來說，頻繁換水是會造成反效果的一大缺點。栽培大部分水草缸時，一般都會建議勤加換水，但自來水硬度偏高時，反而應該減少換水次數。可能有人會擔心藻類出沒，但其實水質硬度高才會造成水草狀態不佳，引起藻類滋生問題。建議每兩週換水一次，每次更換50％的水。如果想要更頻繁地換水，建議使用前一項的淨水器。

作者在部落格整理了日本全國自來水硬度數據，建議栽培者確認看看居住地的水質硬度。

Q 039 如何製作噴霧式水族箱？

簡而言之，噴霧法是指水族箱裡不加水，製作出溫室般的水草水族箱。以下是簡易的製作步驟。

①佈置完水族箱後，在不加水的情況下直接種植水草。

②每天噴水。

③等水草長到某個程度後（扎根後）開始加水。

種入水草，用食品保鮮膜覆蓋以維持溼度，每天進行噴水管理。沒有水就不必換水，噴霧法的最大優點是不用擔心水草周圍佈滿苔蘚，近期逐漸成為主流。不過，缺點在於氣溫對水草影響很大，氣溫範圍超出15～30℃時會控制得很辛苦。所以在春季或秋季佈置水族箱時，採用噴霧法會更方便管理。

乾燥環境會對水草造成不好的影響，底床積水則容易滋生黴菌、藍藻（請參考Q62、74）。祕訣是不要積太多的水。

噴霧式水族箱的管理時間建議為二～四週。

NH

噴霧式水族箱。用保鮮膜緊密覆蓋，達到保溼目的。

水草培育

——技術與修剪篇

Part 5

Q
040

請教教我栽種技巧！

種植時，使用專用鑷子更方便。做法是抓住水草的下端，並插入底床。水草一直鬆脫的話，在鑷子刺入底床後「打開鑷子」就能放入水草。

此外，種失敗的地方比較容易鬆脫，不要勉強種植，請換個的地方或是先將底床鋪平再種植。水草的種植方法會因為類型不同而有些微差異，以下將逐一說明。

TI

栽種前，先將每種水草分成小等分會更好處理。照片品種是牛毛氈。

■有莖型

①將插入底床區域的下葉剪掉（約2～3cm）。
②用鑷子夾起葉子被剪掉的地方，並種入底床。
※根會從莖節長出來，因此一定要在底床中埋入一小節。
斜插比較不容易鬆脫。

有莖型的事前處理與栽種方法

※水草是紫藤。

TI

修剪莖部保留莖節以下1cm，剪掉下葉以免影響植栽。

夾取莖節下端的餘部，種入土中。

把莖放入土中，打開鑷子後直接拔出。

■ 蓮座型

①以根部纏繞植株（根部太短則直接種植）。
②用鑷子將根部纏繞的部分夾起來，種入土中。
※蓮座型植株很容易漂浮，需要埋深一點。

蓮座型的事前處理與栽種方法

※水草是齒果澤瀉屬。

TI

將根部插入底沙，在用沙子包圍四周，接著打開鑷子並滑動拔出。

抓住葉子，讓身體保持直立，以便栽種。

為了避免長根受傷，先用根纏繞底部。

■ 組織培養水草

①從杯子裡取出水草，分成小等分。
②抓取一小份的水草團，進行種植。
※組織培養水草的根都很小，難以抓取，建議種植時一次抓取一小團。
栽種方法意外得簡單，新手也能輕鬆完成。

組織培養水草的事前處理與栽種方法

※水草是小蕊珍珠草。

TI

用鑷子夾取小份的水草團，種在深一點的地方。

將群生的植株鬆開，分成小等分以便種植。

從杯子裡拔出水草，用水沖洗培養基。

Q 041 一定要使用鑷子嗎？還是任何工具都可以？

鑷子可說是種植水草時的必備工具。雖然用手或筷子也可以，但不適合進行細部操作。在大型水族箱中隨意種植時，可以不使用鑷子，但在小型水族箱中種植多種水草時，不用鑷子很難完成。

只要是鑷子都可以嗎？先不論使用手感和好用程度的話，百元商店的鑷子也能種植水草。

不過，更推薦打算長期培養興趣的人使用水草的專用開發工具。例如「水草專用鑷子系列」（ADA）是專門為精細的種植工作設計而成。不論是彈簧的手感，還是細小的前端，使用過後都讓人愛不釋手。許多專業愛好者都很喜歡這款鑷子，建議想持續玩賞水草的人選擇一款能長期使用的工具。

某些主打水草的店家有多款鑷子試用品，可以現場確認使用手感，請多多詢問店員。

NH

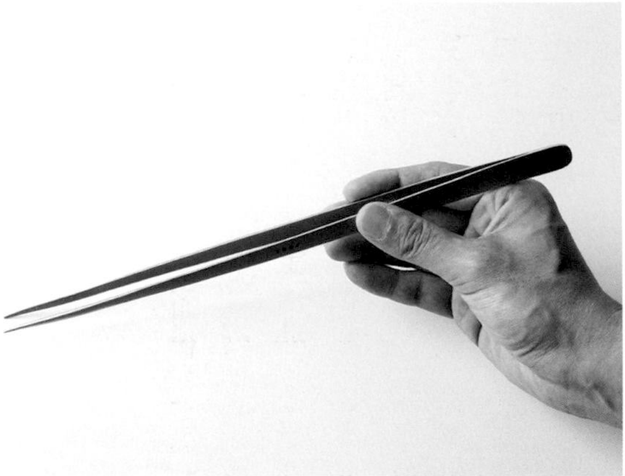

尋找一款用得順手的鑷子！

Q042 如何將水草種在石頭或流木上？

莫絲之類的苔蘚類／星蕨屬、實蕨屬等蕨類／水榕屬植物／辣椒榕屬植物

這些水草具有「扎根生長」的特性，能在石頭或流木上固著一段時間。扎根型水草可用來隱藏不好看的石頭或流木，使畫面美觀。

此外，有扎根生長特性的水草給人一種「經年累月」的感覺，可提高水景的整體完成度。依想像活用水草的扎根生長特性，是很基本的造景技巧，請務必應用於水景設計。

種植方法主要有兩種。

- **用線繩或膠帶綑綁水草，固定在石頭或流木上。**
- **用瞬間膠將水草黏著固定在石頭或流木上。**

順帶一提，水草的身體只要被「固定」就會開始生長，因此沒有扎根特性的水草也能用線繩、膠帶或瞬間膠固定，進行造景佈置。雖然不是所有水草都適用，但目前已確認固定趴地矮珍珠、鋸齒艷柳、Hydrocotyle cf. tripartita等植物，只用線繩固定也能夠培養。

※下一頁將以圖片說明各種扎根方法。

莫絲在流木上扎根，引人注目的美景。 TI

■ 用線繩或膠帶纏繞水草，在石頭或流木上固定

水榕屬水草的扎根方法

※水草是袖珍小榕。

TI

各個地方都用膠帶牢牢固定，之後會在流木上生長扎根。

用膠帶將水榕的莖和流木綑在一起。

用鑷子去除黏在根部的毛。

莫絲的扎根方法

※水草是明葉苔。

TI

剪掉繩子縫隙露出的莫絲，就能養出茂盛漂亮的形狀。

將莫絲放在石頭上，用水草專用繩MOSS COTTON（ADA）仔細纏繞。

用繩子將莫絲固定在流木上。在繩子末端打結。

■ 用瞬間膠將水草固定在石頭或流木上

※水草是明葉苔。

TI

快乾型黏膠可在幾秒之內固定水草，可快速完成造景。

將剪短的明葉苔放在黏膠上。

在石頭上塗抹水族箱造景專用膠Quick Gel（DELPHIS）。

Q 043 如何在水族箱裡加水？如何避免水質混濁？

在水族箱裡裝水時，慢慢加水比較不容易混濁。培養土特別容易產生混濁的水，加水時請多加注意。水「直接接觸」培養土會變濁，因此加水時，我會在底床鋪一層廚房紙巾，從上方慢慢倒水。

推薦使用水管噴嘴之類的工具，家居用品店買得到。「灑水」、「澆水」等方式可以調整出水量，加水時搭配使用廚房紙巾，水質就幾乎不會變混濁！用水桶直接倒水容易產生污水，建議用杯子慢慢加水。

如果水質在水草缸佈置初期就很混濁，有發生苔蘚滋生的問題，必須多加注意。如果水質在加水後變混濁，請重新裝一次水。重新加水2到3次，有些混濁的水應該就能變透明。

●用園藝專用澆花器在水族箱裡加水。

慢慢灑水就能避免污水產生。

Q 044 修剪是什麼意思？

修剪是指用剪刀裁剪水草。雖然任由種植後的水草自由生長，也能打造出美麗的水景，但我覺得用剪刀修整出茂密美麗的形狀，是玩賞水草缸的一大樂趣。尤其是許多有莖草品種修剪過後會長出側芽，變得更有份量感。喜歡水草造景的人應該都看過美麗茂密的小蕊珍珠草和綠宮廷，透過修剪技術可以讓形狀更好看，養出更濃密的水草。

水草順利生長後，請用剪刀修整形狀。有莖草的修剪訣竅是以圓弧角度裁剪。剪出前低後高的形狀可呈現景深感。水草蓬鬆渾圓、茂密生長的模樣十分引人注目，不講究設計的水景也能成為一件美好的造景作品。

TI

用剪刀將群生的有莖草修整出漂亮的形狀。

Q 045

變長的水草要用剪刀修剪嗎？

太長的水草應該以剪刀修剪。修剪的基本原則是「剪掉過長的部分」以及「去除老化的葉子」。水蓑衣屬和水丁香屬等有莖型水草，需剪掉過長的部分；齒果澤瀉屬和隱棒花屬等蓮座型水草，則要去除老化的葉子。

有莖草被修剪的地方會從下方的莖節長出新芽（側芽），雖然剛剪完時看起來很稀疏，但體積會隨著新芽生長而逐漸變大。被剪掉的有莖草只要種入土中就能扎根，可繼續繁殖。不過，蓮座型水草的葉子一旦被剪掉就會枯萎，因此只能丟棄。

剛開始需要鼓起勇氣才能用剪刀修剪水草，這是打造美麗水草缸的必要工作。水草剪修過後會如何生長？為了培養對於生長情況的直覺，水草長大後請積極進行修剪。

NH

有莖草變長後修剪前端。將剪下的莖部前端（箭頭處）種入土中，之後會發根。

M

蓮座型水草從外層開始枯萎。請適時修剪枯葉。

Q046 用哪種剪刀來修剪水草？

作者最推薦水草玩家的是「短版彎曲型專業剪刀」（ADA）。它的尺寸、鋒利度和弧度在各種情況都適用，說實話，只要一把就能應付所有修剪需求。

各家製造商推出了各種形狀的剪刀，但與其選擇不同場合的專用剪刀，更推薦準備一把用途多元的剪刀。

前景水草是修剪水草時最難處理的部分。它們生長後會蓋住底床，修剪時必須平放剪刀，刀刃筆直的款式必須在寬敞的空間中使用。而刀刃彎曲的款式能立著修剪，因此可以在較狹小的空間中使用（請參考Q51）。

既然要在空間有限的水族箱裡進行，選擇可精細操作的剪刀是很重要的事。

不過，還是得考慮到預算問題，想先用便宜的剪刀體驗修剪手感的人，建議選擇AQUA SCISSORS（DOOA）。雖然在鋒利度等方面不及短版彎曲型專業剪刀，但已夠實用。有S和M可選擇，推薦更適合精細操作的M尺寸。

短版彎曲型專業剪刀（ADA）

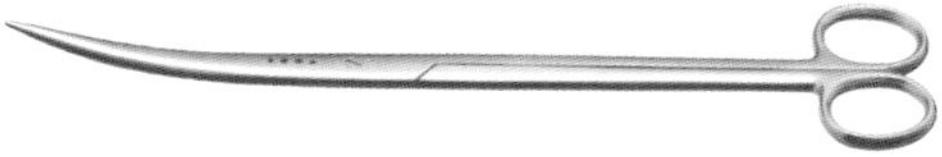

AQUA SCISSORS（DOOA）

Q
047

把水草剪掉很可惜，一定要丟掉嗎？

剪下的水草如果不能種滿水族箱，那也只能丟掉，但這樣不是有點浪費嗎？遇到這種情況時最好多準備一個水族箱，如果還是不行，就在一個小容器裡放入水草專用培養土（用過的也可以），然後種入水草。

容器在窗邊環境接收日照，或許不能像水族箱那樣長得那麼漂亮，但還是能持續生長。如果想再次在水族箱裡栽培，請取出水草並種入水族箱。

雖然不能一直養在小容器裡，但還是能保存一段時間，當作簡單的水草庫存收納盒。

不過，既然要維持水族箱的環境，那再多的收納盒也不夠用，還是必須丟掉一些水草。把水草丟在外面，水草可能會附著在物品上，因此一定要當作可燃垃圾（概念與廚餘相同）丟棄才行。

TI

多餘的水草可當作室內裝飾。

Q 048 請多教一些修剪方法！

水草順利生長後，下一步的必備工作就是「修剪水草」。用剪刀修剪水草是水草造景的樂趣之一。這裡會介紹三種水草修剪方法。

順帶一提，實際上要視造景情況進行彈性調整，因此還有很多方法不適用於以下情況。這方面很難用言語表達清楚，請務必親自修剪並掌握手感，你會體驗到更多水草缸的樂趣。

NH

①中間修剪

以有莖型水草為主的修剪方式。變長的莖部中間進行修剪，去除被剪下的部分。下半部留下的部分會長出側芽，一段時間後會回到原本茂密的狀態。這種方法適合用在水草旺盛生長的「高照明量」、「有加二氧化碳」的環境。

將剪下的莖種入培養土後會形成獨立的植株，可增加水草量。**Q53**介紹的「濃密水草的修剪方法」就是中間修剪法。

M

將整體修成圓弧形。

修剪綠宮廷的莖部中間。

②回插

主要用於有莖型水草的修剪方式。將生長的水草拔起來，調整長度並再次種植。請將有生長點（長出新葉的地方）的一端種入土中。水草在未加二氧化碳的水族箱裡的生長速度較慢，建議採取這種修剪方法。重新種植時，分別將水草切成高、中、矮三種長度，分段種植就能營造出花壇般的氛圍。

M

重新種入水族箱。

修剪拔出的水草下端（左邊是修剪前，右邊是修剪後）。

拔出太長的水草。

③修剪葉子

齒果澤瀉屬、隱棒花屬、水榕屬等蓮座型水草或苔蘚類植物，從植株底部一片片剪下葉子。許多品種的生長速度很慢，因此修剪頻率不高，偶爾可進行疏苗以減少葉子的數量。

雖然可以修剪葉子的中間，但殘留的部分可能會枯萎，外觀通常都不大好看，因此重點在於儘量從葉子的底部附近修剪。右撇子的人，左手握住葉子，右手將剪刀放在植株底部，操作起來會更輕鬆。

GT

小心不要傷到健康的葉子。

用剪刀修剪老葉的根部。

Q 049 有不需要修剪的水草嗎？

雖然修剪水草很好玩，但為了保持美觀而頻繁處理，有時還是會厭倦修剪工作吧。這時就會想要養看看「不需要修剪的水草」。其實到目前為止，我被很多人問過有沒有不必修剪水草，但我都沒有給出明確的答案。

要保持水草缸的美觀性，修剪工作是不可或缺的條件。不過有些水草的修剪流程相對簡單，以下介紹幾種我常用的品種。

修剪步驟較簡單的水草，生長速度大多緩慢且具有深綠色的葉片。以下列幾種水草為主的造景，可以打造出平靜低調的水景形象。厭倦修剪工作的人不妨轉換心情，重新造景也很有趣喔。

水榕屬水草

引人注目的深綠色大葉片，生長速度緩慢，不需要花太多時間修剪。一顆植株每個月修剪1～5片葉子就能維持狀態，但需視環境而定。修剪步驟非常簡單，其他水草幾乎不能比。整片老葉會像銀杏一樣轉黃，只要修剪轉黃的葉片就行了。

TI

小榕

袖珍小榕

隱棒花屬水草

隱棒花屬水草的葉色魅力十足，有褐色、灰色、綠色等交錯複雜的顏色，不需要花太多時間修剪。請偶爾修剪葉子的根部以減少葉子的數量。作者通常每個月修剪一次，每顆植株剪掉30～50%的葉片量。儘量從葉子的根部修剪，這樣才能剪得漂亮。

緋紅安杜椒

TI

綠溫蒂椒草

星蕨屬水草

從很久以前開始，星蕨屬水草便以健壯而聞名，修剪流程也相當簡單。剪法和隱棒花屬一樣，從葉子的根部修剪以減少葉子的數量。星蕨屬的植株底部附近一旦沒有新鮮的水流過，就有可能狀態惡化。所以作者通常每個月會修剪一次，每顆植株修剪2～5片葉子。

耙葉鐵皇冠

TI

三叉鐵皇冠

Q050 剪完後水草好像枯萎了，好擔心。

修剪水草時，你是否想過一旦用剪刀剪下去，水草就不能重新生長？水草確實可能因為狀態不佳，導致修剪後長不出新葉，最後枯萎。但是，要製作美麗的水草造景就一定要做好修剪工作。錯過修剪時機的話，植株的下半部會出現影子，葉子因照明量不足而脫落，或是出現各種問題。因此，請即早留意修剪工作。

根據作者的經驗，如果植株在修剪後枯萎，比起去懷疑修剪方式不當，原因更有可能是水族箱的環境問題。假如水草生長情況良好，即使有點隨意地修剪葉子，大多還是會長出新芽。擔心水草一修剪就枯萎的人，建議先檢查以下項目再進行修剪。

■生長情況是否順利？

生長情況本來就不好的水草，修剪後可能更虛弱。開始修剪之前，先整頓生長環境，讓植株能夠旺盛生長（請參考Q16、Q18）。

■照光量是否充足？

水草是靠光合作用生長的植物，光照不足容易變虛弱。請選擇對應水族箱尺寸的燈具，對著水草照射吧（請參考Q20）。

■是否添加二氧化碳？

水族箱是封閉的環境，光合作用所需的二氧化碳很容易不夠。有些品種的水草很難在未加二氧化碳的環境中生存，如果想養出好看的水草缸，建議添加二氧化碳（請參考Q22、Q30）。

Q051 如何修剪前景水草？

前景水草像毛毯一樣生長，有如無邊無際的清新草原，令人心情愉悅。前景水草離底床很近，很難用剪刀修剪，所以很多讀者不知道該怎麼處理。因此，這裡將介紹前景水草的修剪方法。

介紹內容並非大部分前景水草的修剪方式，而是針對不同人氣品種，分別講解不同的剪法。

幾乎所有前景水草都有往亮處生長的特性，因此靠近前方玻璃面的區塊會長出濃厚茂密的水草。在大概前面一公分的地方立起剪刀，只剪快碰到玻璃面的部分，就能剪得好看。

此外，因為剪完之後就沒有葉子了，後續處理更輕鬆，可以添加「OKOSHI」、「棒狀肥料」（神畑養魚）等固態肥料（參考Q44）。

■矮稈荸薺

在底床線上5毫米～1公分處修剪。修剪後殘留的葉子之後會附著藻類，看起來不美觀，所以訣竅是要儘量剪短一點。

TI

矮珍珠的修剪示範。彎曲型剪刀更容易修剪前景水草。

■趴地矮珍珠

體積變厚之後，將植株拔起來重新種植。雖然本種的外觀茂密如丘，但除了最外側（草叢深處）的部分之外，其他地方大多會轉黃枯萎，所以與其靠修剪，重新種植更能維持美觀。就作者的感覺而言，通常每半年至一年要重新種植一次。

※接續下一頁。

■ **迷你矮珍珠**

剪法與趴地矮珍珠相同。

■ **矮珍珠**

葉子的剪法與矮稈荸薺相同。

■ **草皮**

不要一口氣剪完，從受傷的葉子底部開始剪，例如有藻類附著的葉子。有時依照矮稈荸薺的剪法處裡，需視情況而定；遇到長得慢的植株，或是一株只長出一片葉子的情況時，要等一段時間才能長回原本的體積。

■ **針葉皇冠草**

剪法與草皮相同。本種的葉子大量掉落後，有時不會再長葉子，需多加注意。

■ **三裂天胡荽／迷你天湖荽**

依照矮稈荸薺的剪髮處理葉子。生長速度快，某些情況下要拔起植株，進行疏苗。

TI

草皮最好不要過度修剪。

Q052 如何剪出漂亮的莫絲？

莫絲會在流木或石頭上附著生長，彷彿留下了歲月痕跡，是很受歡迎的水草。為了讓莫絲保持美觀，修剪時需要搭配一些技巧，以下介紹兩種方法。請根據情況選擇不同的修剪方式。

莫絲是一種容易遭遇生物食害的水草，水族箱裡的長身穗唇鯱、網紋縲唇鯱等魚類可能會食用莫絲，造成植株長得不漂亮。如果想養出漂亮的莫絲，請不要養這些魚。

此外，礦物質過多也有可能導致水草無法順利生長，建議使用REBIRTH GRAIN SOFT（Water Engineering）等水質軟化產品，或是搭配NA WATER和陽離子過濾器（皆為ADA），把水換成軟水水質（參考Q38）。

①用手拔

保留莫絲附著在其他物體上生長的部分，其他部分則用手拔除。如果要長時間管理並保持莫絲的美觀性，用手拔是最推薦的方法。用手幾乎可以拔掉所有草，但莫絲只要有一點小碎片，就能附著生長並再次茂密。訣竅是不要害怕，放膽除草。

TI

②用剪刀修剪

用剪刀剪掉變長的葉子是很簡單的方法。沿著石頭或流木等水草附著物的線條進行修剪，就能剪出自然的形狀。這樣可以快速修整形狀，還不會讓體積變小，因此在必須快速造景的情況下，作者很常採取這種剪法。

但是這種方法會留下下端的老葉，因此沒辦法長期保持狀態。請視情況改用右邊的「手拔方法」。

Q053 如何剪出濃密茂盛的水草？

水草繁茂的水景既壯觀又帶有柔和氛圍，真是不錯。要養出繁茂濃密的水草有兩個重點，分別是種植側芽很多的「有莖型水草」，以及採取正確的「修剪方法」。

側芽是指從莖節側邊冒出的嫩芽。側芽長得愈多，葉子愈茂盛，更容易形成濃密繁茂的植株。首先，選擇有莖型水草是很重要的一步。接下來介紹的有莖型水草都是作者常用的多側芽品種，請參考看看。

【多側芽的有莖型水草】

小蕊珍珠草／大珍珠草／丁香水龍／匍生水丁香／小獅子草／蓋亞那水蓑衣／紫藤鳳／綠宮廷／紅宮廷／青蝴蝶

另一項重要條件是修剪方式。經過多次修剪後，水草會長出大量側芽。修剪的高度很重要，關鍵是要慢慢提高修剪的位置。以下由作者示範修剪方式，教你如何養出繁茂的綠宮廷。

■修剪示範

- **第一次：剪掉底床上方約3～5公分處**
- **第二次：剪掉底床上方約7～10公分處**
- **第三次：剪掉底床上方約12～15公分處**
- **第四次：剪掉底床上方約18～20公分處**

大概是這樣的感覺。訣竅是第一次要儘量修剪低一點的地方。

下次修剪時，請剪在比上一次高的地方。修剪時間通常間隔2～4週。

題外話，第一次修剪時我想儘量剪低一點，所以會盡可能把水族箱裡的水草種短一點。組織培養杯裡的水草（請參考Q12）剛開始很短小，因此不必花太多時間做事前處理，養起來很方便。

照著介紹方法修剪就能輕易養出濃密繁茂的水草，長期保持美觀。為了讓水草長大，一定要提供大量的照明（請參考Q20）、添加二氧化碳（請參考Q22、Q30），設備不齊的人請從投資設備開始！

TI

綠宮廷會在合適的環境中匍匐生長，愈長愈多。適度修剪能促進分枝，養出濃密茂盛的水草。

Q 054 放膽修剪後，要減少供應二氧化碳嗎？

關於修剪後是否該調整二氧化碳用量這件事，目前眾說紛紜，原則上我會維持不變。因為更改添加量是很麻煩事，這是主要的原因，但就算調整了添加量，通常也不會有多大的變化。

一般理論認為，水草修剪後要減少二氧化碳添加量。我剛開始玩水草缸時，也曾在修剪後減少二氧化碳添加量，但之後就覺得很麻煩。再說，水族箱沒發生什麼問題，水草也長得頭好壯壯，所以我的結論是「沒必要過度在意」。也許未來會出現新的相關知識，到時候想法可能改變，但就現階段而言，並不會造成太大的影響。

如果要舉出一項優點的話，應該是可以節省二氧化碳的用量吧。完成修剪後減少二氧化碳添加量，氣瓶就能用更久。但請記住，水草重新生長時要增加添加量喔！

M

修剪後的二氧化碳添加量保持不變，不會有問題。

Part 6

水草培育

—維持篇

Q 055 一定要加營養素（肥料）嗎？

營養成分是幫助水草成長的必需品，因此一定要在水草缸中添加營養素（也就是肥料）。但是，要妥善使用肥料並不容易，加太多營養素可能會造成藻類（苔蘚）滋生或引起其他問題。建議採取幾種不使用營養素的管理方式。

底床是水草專用的培養土⬇種植後30天再考慮使用營養素。

底床是沙粒、沙子⬇種植後15天再考慮使用營養素。

種入水草後不要馬上添加營養素，過段時間再加入。水草還沒長根前很少消耗養分，所以種植初期容易殘留太多的營養素。等環境穩定後再加入營養素，以避免種植初期營養素過多的問題。

此外，營養素有很多種選擇，建議一開始使用只含「鉀」、「稀有元素」的產品。種植初期很少會發生氮或磷不足的情況，請等水草變茂密之後再使用含氮或磷等元素的產品。P44有介紹作者推薦給新手的營養素。

NH

等水族箱佈置完之後，過一段時間再加營養素。

Q 056 如何讓水草變紅？

「長時間照射強光」是讓水草變紅的祕訣。當然還得搭配二氧化碳、充足的養分等條件才能養得漂亮，但燈光是最重要的條件。在足夠的時間內提供充足的照明（參考Q20、Q29），水草就能長得更紅。

如果要養出正紅色的水草，最少請照光8小時。情況允許的話，照光10～12小時可以讓紅色更明顯。長時間照光會增加藻類（苔蘚）的繁殖量，請一邊觀察平衡性，一邊加長照射時間。

有人認為「水草會因為鐵成分不足而無法變紅」，但在作者的經驗中，很少遇到鐵含量不足而導致紅色變淡的情況。鐵可被當作肥料加入水中，但肥料太多會造成藻類增加。如果紅色系水草不夠紅，建議先從增加照明量、加長開燈時間著手！

■人氣紅色系水草

TI

Ludwigia sp.Super Red

紅宮廷

紅松尾

丁香水龍

Q 057 好想看水草冒出氧氣泡！

關鍵在於「充足的照光量」（參考Q20）和「添加二氧化碳」（參考Q30）。只要確實做到這兩點就能種植「容易看到氧氣泡」的水草。具體來說，我推薦這幾種水草：

鹿角苔／三裂天胡荽／大珍珠草

這三種水草的葉子會附著大顆的氣泡，很容易觀察到。而且每一種都是相對好養的水草，只要準備好水草專用的水族箱，應該就能養得好。

如果你有準備水草專用設備，卻還是看不到氣泡，請再確認一次二氧化碳的添加量，二氧化碳意外不夠是常有的情況。如果還是沒用，請檢查看看水質。二氧化碳加入水族箱後有個特性是pH值偏高時，水草不太會吸收二氧化碳。所以要將pH值調到低於6.5，水草才會大量吸收二氧化碳，使氧氣泡更容易附著（參考Q32）。

NH

鹿角苔上附著成串的氣泡，畫面真美好。

Q058 換水是不是比較好？

水草缸的換水頻率建議每週一次，每次大約更換30～50%的水。基本上只要一週換一次就沒問題了。一段時間後，環境會變得更穩定，改成兩週換一次便足以維持狀態。

但由於佈置初期環境還不穩定，處理方式會有點不同。比如說，使用營養成分豐富的培養土（參考Q25）時，佈置初期要頻繁換水才能快速調整環境。具體來說，每兩天要換一次水，每次更換50%，持續兩週，可預防多餘養分引起藻類大量繁殖或水質白濁。想用營養培養土製作水草缸的話，請記住「佈置初期要勤加換水」。但環境穩定後繼續頻繁換水可能會引起反效果。

水草喜歡弱酸性軟水水質（參考Q32）。頻繁換水會使水質更接近自來水（多為弱鹼性的中硬水），很難栽培水草。一直換水不一定是好事，請多注意。

M

根據水族箱的狀況來決定換水頻率。

Q 059 水草狀態不佳的原因為何？

水草的葉子凋落或枯萎，造成狀態不佳的原因大致可分為以下五點。

●葉型轉變／環境不合／環境改變／藻類附著／生物食用造成傷害

從諸如葉型轉變等生長必經的正常情況，到栽培環境問題，各式各樣的因素都有可能，關鍵要先找出原因。

■葉型轉變

由水上葉變成水中葉的葉型變化，或是老葉枯萎等情況都是水草一定會發生的生理變化，水草枯萎就某方面而言算是無可奈何的事。請剪掉壞掉的葉子，促進新葉生長吧。

M

水草有時會「敗給」苔蘚。

■環境不合

環境引起的問題，比如照光量不足（參考Q20）、二氧化碳添加量不足（參考Q30），水質不合（參考Q32）等。只要無法提供適合水草的環境，狀況就不會變好，因此一定要投資設備、調整水質，做好應對措施。根據當前環境來選擇相應的水草也是一種方法。請選擇可在低照明下生長的水草（參考Q8），或是不加二氧化碳也能栽培的水草（參考Q31），來種植適合該環境的健康水草。

■環境改變

將水草移到其他水族箱裡時，有些水草會因環境劇烈變化而發生葉子脫落（例如隱棒花屬水草）。將凋零的葉子去除，觀察一段時間，植株適應新環境後就會長出新葉。

■藻類（苔蘚）附著

雖然藻類很少直接造成水草枯死，但葉子被水藻附著後，會因為照不到光而愈來愈沒精神，外觀還很不好看。藻類滋生時，可以養些多齒米蝦、篩耳鯰，以處理藻類問題，等水藻變少了，再考慮栽培水草的事（參考Q61～）。

■生物食用造成傷害

某些金魚或鯉科熱帶魚會吃水草，如果養了這種魚，水草恐怕很難生得漂亮（參考Q95）。水榕屬、星蕨屬、隱棒花屬水草的葉子偏硬，可能不怎麼好吃，所以魚類不會吃它們，造景請以這種水草為主。

M

金魚喜歡吃水草，但舔到硬葉時會退縮。

Q 060 水草缸的魚類可以泡鹽水嗎？

基本上水草不喜歡鹽分，因此水草缸不能泡鹽水。如果想泡鹽水，請另外準備一個隔離水族箱。大部分的水草無法忍受鹽分，泡在鹽分濃度高（大約0.3～0.5%）的鹽水多辦會枯萎。鹽巴一旦倒入水族箱就很難再清除，所以不只是水草缸，我強烈建議泡鹽水都在隔離水族箱中進行。

如果想去掉鹽分，也只能以換水的方式處理，例如換水50%的情況：100%⬇50%⬇25%⬇12.5%，即使換水4次，水族箱還是會殘留12.5%的鹽。而且還得考慮到底床殘留的鹽分，所以最好不要在水草缸裡泡鹽水。

順帶一提，劍竹椒草可以高濃度鹽水中栽培，不妨跟射水魚、銀鱗鯧等汽水魚一起養看看吧。

M

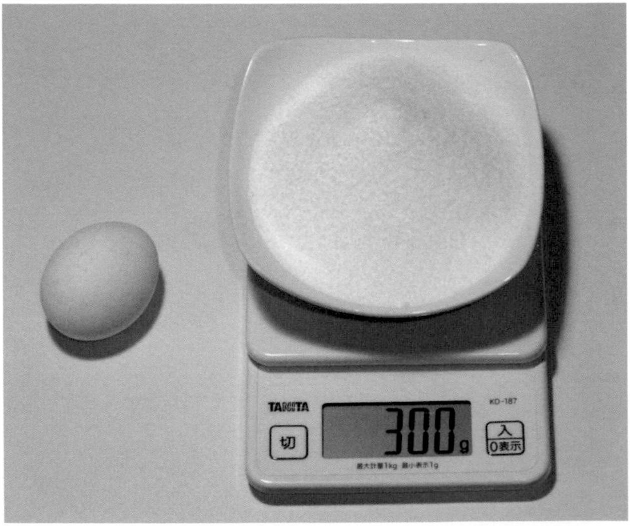

一般的60公分水族箱（60×30×36cm）大概會加這麼多鹽巴，但大部分的水草都會受不了而枯萎。

Column4

作者愛用的水草專用工具

以下介紹我平時愛用的水草專用工具。通常我會把它們放入工具包並掛在腰上，因此特別講究這3個條件：不佔空間、用途廣泛、不刺傷皮膚。我喜歡趕流行，經常定期更換工具，以下是目前正在使用的工具。

■ **品牌不明 美髮師剪刀**

我太太是美髮師，這是她實習時用過的剪刀，我把它拿來修剪水草。畢竟是能剪出滿意髮型的剪刀，刀刃很鋒利，不得不說跟市售的水草專用剪刀差很多。一把約要價70000日圓以上，沒辦法輕易入手，但只要找出品質最好的水草剪刀，應該會更接近髮型剪刀吧。這是我的法寶，只會在關鍵時刻使用。

作者工作時掛在身上的工具包。

M

剪刀

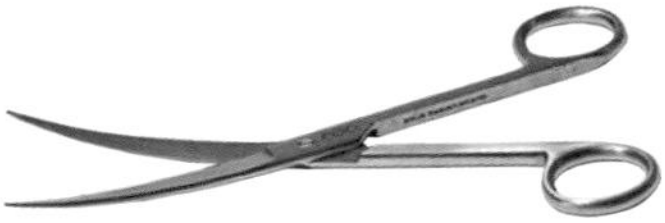

■ **短版彎曲型專業剪刀（ADA）**

使用頻率最高的剪刀。ADA公司販售的剪刀之中，我最推薦客人使用這款。刀刃有弧度，可以修剪瑣碎的縫隙，各種情況都能派上用場。

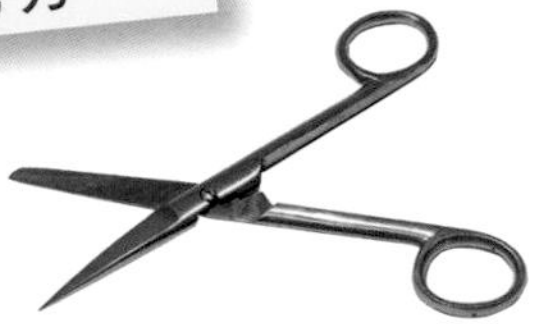

■ **單尖頭型可拆式解剖剪刀（Kenis）**

修剪硬物的時候，用水草專用剪刀可能會傷到刀刃，這時就能使用這款剪刀。剪裁金屬紮帶、水草盆栽或打開包裝袋時，這款剪刀很方便。不鏽鋼材質不易生鏽且相當耐用，是很實用的工具。

鑷子

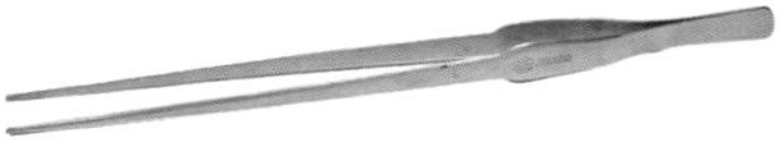

■ **JAQNO鑷子L（明新ジャパン）**

我覺得是種植水草時最好用的一款鑷子。優點是前端不會太細或太粗，可以順利種植大部分的水草，用途很多元。邊緣是弧形的，不會因為長時間使用而手痛喔。

■ **JAQNO鑷子M（明新ジャパン）**

左邊鑷子的其他尺寸。在大型水族箱等較大空間中佈置時（手容易放入水族箱的情況），可以使用這款鑷子。長度較短，施力更容易傳到前端，可進行精細的操作。

作者愛用的水草專用工具

其他

■ OSMO刷子 25mm

將底床鋪平，清掃石頭或流木上的底床材料時使用。其實其他品牌的刷子也很好用，但這是家裡多出來的工具，所以我才會用它。不愧是一流品牌的產品，使用超過五年都沒壞。

■ 不銹鋼尺 15cm（シンワ）

從事水族箱造景工作，經常需要測量物品的尺寸。每次都從工具箱裡拿尺出來實在麻煩，所以我會從工具包裡快速拿尺。簡單的測量只要15公分就夠用了。

■ 美工刀

很多工作都需要「切割」東西，最好把美工刀放在能拿取的地方。因為工作時會接觸到水，刀片很容易生鏽，需要頻繁更換。寬度約10毫米的刀片剛好能放入工具包。

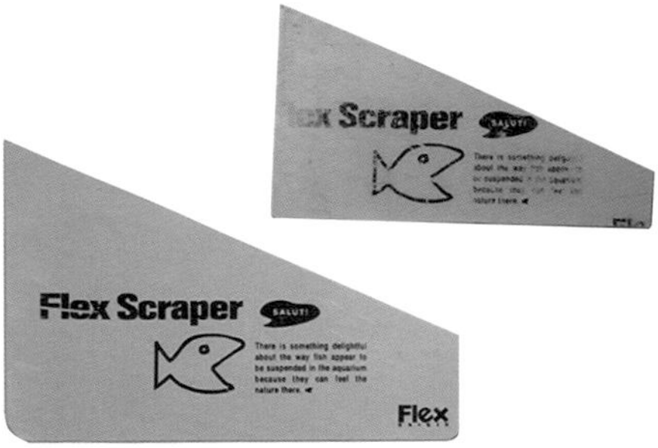

■ 除苔蘚刮刀（Flex）

這款刮刀我會隨身帶著以便清潔玻璃表面。雖然ADA專業刮藻刀的打掃能力更勝一籌，但刀刃太過尖銳，攜帶時要很小心。這款是樹脂材質，可以放心攜帶。邊緣剝落後較難去除髒污，但可以用鉋刀將邊緣削利，就能跟新品一樣了。下方是新品，上方是作者使用多年後變小的舊品。

■ 牙刷

清潔水族箱的矽膠面、濾網之類的小縫隙時，最適用使用牙刷。太常使用會導致毛刷散開，需時常更換。我目前使用的是兒童牙刷，但下次打算換成別種牙刷。牙刷的使用頻率很高，能用到各式各樣的款式，感受不同的手感，相當好玩。挑選的重點是牙刷要能「浮在水上」，沉入水中的牙刷意外的難清潔，請多注意。

Part

7

藻類的介紹與處理方法

Q061 藻類（苔蘚）為什麼會滋生？

基本上水族箱很容易滋生藻類（苔蘚），某種程度來說，出現藻類是無可奈何的事。話雖如此，看到水藻遍佈的水族箱還是很讓人洩氣吧？這裡將分析藻類滋生的五大原因。

①養分過多

佈置初期、使用養分含量高的培養土、營養素使用不當等原因，可能會造成水族箱裡的養分過多，導致藻類大量繁殖。養分過多是藻類滋生的最大原因。請透過換水來清除多餘的養分。建議初學者使用養分少的培養土來預防藻類滋生（參考**Q25**）。

②清潔員不夠多

多齒米蝦、篩耳鯰會食用大量的藻類，如果水藻還是沒有減少，就表示繁殖量已經大於魚蝦的進食量。這時應該飼養更多的清潔員，直到水藻量確實減少為止（參考**Q64**）。此外，每種生物常吃的藻類不盡相同，請根據增生的水藻，選擇合適的清潔員。**Q62**將說明藻類和清潔員的合適度。

③二氧化碳不足

使用高照光量的燈具時，很常碰到二氧化碳不足的問題，如果含量不符合當下照光量，養殖環境會不平衡，水草因狀況惡化而不敵藻類的侵襲。使用高照明量的燈具時，請確實加入相應份量的二氧化碳。

不過令人意外的是，不加二氧化碳的水族箱不會滋生藻類。但請注意，在無添加二氧化碳的情況下提供高照明量，水草也沒辦法完全活用燈光。

關於二氧化碳添加量的說明，請詳見Q30。

④水質不合

水草喜歡的水質是「弱酸性軟水」。在高pH值、高硬度等不適合水草的水質中，水草無法有效活用二氧化碳，無法有效率地吸收養分，進而導致狀態快速惡化。尤其當水草無法善用二氧化碳時，即使加入充足的二氧化碳，生長情況也會因為不能吸收而明顯惡化。水草因此無法抵抗藻類，造成藻類滋生。

水質pH值和硬度偏高的時候，Tetra PH/KH Minus（Spectrum Brands Japan）等pH值調降劑，或是REBIRTH GRAIN SOFT（Water Engineering）等調降硬度的濾材可發揮效果。關於水草偏好的水質說明，請詳見Q32。

⑤引入藻類

將攜帶藻類的水草放入水族箱，可能就會造成藻類快速增殖。如果是仔細看也看不出來的程度，那到還沒有什麼問題，但如果已經是是被大量藻類附著的水草，就不可以栽種。

推薦水上葉或組織培養水草。基本上這兩種都不會攜帶藻類，可以放心使用。關於水上葉的說明，請詳見Q5；組織培養水草則詳見Q12。

M

不能放任水族箱佈滿水藻。

Q062 藻類有哪些類型？

在水族箱裡滋生的藻類大致上可分成11種。（嚴格來說還有很多種，作者根據自身經驗將處理方式相同的品種整理在一起。）以下介紹11種水藻的特徵與處理方式。

①矽藻類

一般稱作茶苔。矽藻很柔軟，可以用海綿簡單清潔，是藻類中最好處理的類型。許多清潔員都會吃矽藻，不需要太擔心。

【有用的清潔員】
篩耳鯰／多齒米蝦／石蜑螺
※處理方法請見Q65

M

黏在玻璃表面的矽藻。照片中的魚正在吃水藻，可以看到波浪紋路。

②像細絲昆布的藻類

水族箱佈置初期使用養分豐富的培養土，藻類主要會在這種情況下出現。會快速佈滿整個水族箱，畫面很有衝擊性，但跟矽藻類一樣柔軟，能夠輕易處理。建議使用水管，在換水的時候一起吸出清除。

【有用的清潔員】
篩耳鯰／多齒米蝦／石蜑螺
※處理方法請見Q66

GT

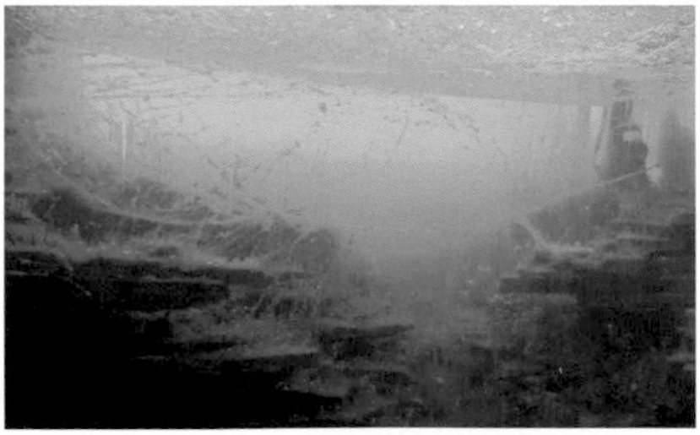

佈滿整個水族箱的細絲昆布型藻類。

③玻璃表面上的綠藻類

水草佈置完之後，玻璃在一段時間後變綠就是這種綠藻引起的。在某些環境下，有時會同時附著柔軟型、堅硬型等多種藻類，但處理方式都一樣。請每1～2週，用海綿或刮刀清潔玻璃表面。藻類會在平面上繁殖，因此會舔時水藻的生物也能有效清除藻類。

【有用的清潔員】
篩耳鯰／多齒米蝦／石蜑螺

M

附著在玻璃表面的綠藻。

④斑點狀藻類

在平面上滋生的藻類。繁殖速度慢但觸感堅硬，打掃起來很辛苦。每1～2週清掃一次玻璃可預防表面滋生藻類。如果藻類附著在水草的葉子上，則要剪掉葉子加以去除。高硬度水質環境容易滋生藻類，軟水可作為預防措施。

【有用的清潔員】
篩耳鯰／石蜑螺（※預防效果大於驅除）

※處理方法請見Q68

TI

斑點狀綠藻在玻璃表面黏得很緊。

⑤絲狀藻類（水綿）

綠色的長形絲狀藻類。容易滋生，繁殖速度很快，太晚處理就會很麻煩。幸好多齒米蝦等蝦類很常食用絲狀藻類，一旦發現藻類，請盡快養幾隻多齒米蝦。

【有用的清潔員】
多齒米蝦／長身穗唇鯱

※處理方法請見Q69

M

纏著水草的水綿。

⑥絲狀藻類（草坪）

佈滿水草、石頭、流木的表面，像天鵝絨的藻類。清潔員生物不太會吃這種藻類，因此很難處理，發現後應該立刻清除。尤其是藻類在水草上滋生時，就算很可惜，還是要把長水藻的部分剪掉。

【有用的清潔員】
篩耳鯰／多齒米蝦／石蜑螺

※處理方法請見Q70

M

在水草表面滋生的絲狀藻類。

⑦絲狀藻類（毬藻形狀）

有堅硬的灰色也有濃密的綠色，像絲線纏繞的藻類。出現的頻率不高，繁殖速度慢，因此不需要太驚訝。但基本上清潔員不吃這種藻類，需手動移除。用鑷子夾取就能輕鬆去除。

※處理方法請見Q71

GT

毬藻形狀的藻類。

⑧黑毛藻

會從一個地方長出鬍子般的毛團，是讓所有水族玩家最苦惱的藻類。表面堅硬難以清除，做好預防措施是最好的應對方式，只要看到就要馬上清理。近年在市面上流通的網紋繐唇會強力捕食黑毛藻。

【有用的清潔員】

網紋繐唇鮀

※多齒米蝦／長身穗唇鮀／石蜑螺（僅有預防效果）

※處理方法請見Q72

M

佈滿流木的黑毛藻。

⑨珊瑚狀苔蘚（串珠藻）

像是灰色珊瑚小枝條的藻類。出現頻率不高，繁殖速度慢，很少被清潔員食用，因此很難處理。會從碎片開始增殖，清掃時一定要換水，將碎片吸乾淨。

【有用的清潔員】

網紋繐唇鮀

※處理方法請見Q73

M

珊瑚狀苔蘚（白色的部分）。

⑩藍藻

作為最兇猛的藻類而廣為人知，可藉由藥物快速清除，處理起來很簡單。清潔員生物不太吃藍藻，所以我會用魚病藥「Green F Gold 顆粒」加以處理。

【有用的清潔員】

黑花鱂／石蜑螺／豆石蜑螺的同類（僅有預防效果）

※處理方法請見Q74

M

蓋住培養土的藍藻。

⑪藍綠菌

浮游植物增生，造成水質變成混濁的淺綠色。水會在某些情況下變綠，導致水族箱內部看不清楚。雖然清潔員能夠稍微應付，但Clear Water（ADA）等凝聚劑更方便處理。

【有用的清潔員】

田螺／淡水蜆

※處理方法請見Q75

GT

導致水質變綠的藍綠菌。

Q 063 請教教我基本的藻類處理方法！

水草缸和藻類之間具有密不可分的關係。但不能放任藻類在水族箱裡蔓延。接下來會介紹六大重點，教大家如何與藻類打好關係。不同藻類的有效應對方式不盡相同，但原則上大同小異。先了解基礎觀念，一起打造乾淨的水族箱吧！

①藻類一定會出沒！

基本上，水族箱對藻類來說是很適合生活的環境，所以它們一定會出沒。請以此為前提，思考該如何處理藻類大量繁殖的情況。

②善用清潔員！

多利用清潔員生物，讓牠們把藻類吃掉。等環境穩定後，即使沒有清潔員也很少會出現藻類。剛開始請先養一些清潔員，打造乾淨的水族箱。

M

善用除苔蘚的生物（清潔員）！照片是勾鯰。

③清潔員數量應大於藻類繁殖量！

第三點非常重要。基本上清潔員的食量一定要比藻類的繁殖量還多，否則藻類不會減少。如果你覺得清潔員都「不好好工作」，其實多半是因為數量不夠的緣故。請記得根據藻類的繁殖量，飼養正確數量的清潔員。

關於②和③的詳細說明，請看Q64！

④盡可能手動清除！

發現藻類時，請儘量動手清理。雖然徒手沒辦法完全清乾淨，但盡力將看得見的地方處理乾淨可以減輕清潔員的負擔。如果藻類殘留在水族箱裡，一切就都沒意義了，訣竅在於換水時要一起把藻類吸出來。

⑤不要引入藻類！

請不要把沾有藻類的東西放進水族箱裡。請注意，從外面帶入的藻類會在一夕之間滋生。附著在水草上的藻類特別常混入其中，推薦使用水上葉、組織培養杯，來降低混入藻類的機率。

關於水上葉的說明，請詳見Q5；組織培養水草請詳見Q12。

⑥降低水質硬度，使用軟水！

水質硬度高會強化藻類的盔甲，所以生物沒辦法吃太多。尤其在高硬度的自來水地區，堅硬藻類的問題讓許多人感到很苦惱，建議採取水質軟化措施。

關於降低水質硬度的方法，請見Q38。

M

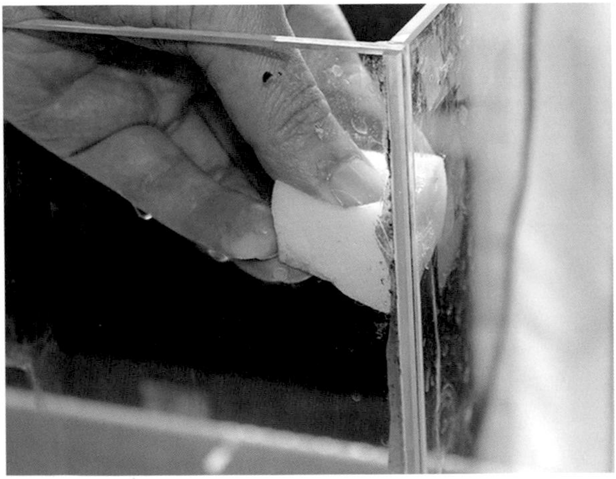

自己動手也能清理！

Q 064 哪些生物會吃藻類？該養幾隻呢？

如果要減少水族箱裡的藻類，就必須多多善用清潔員生物。這裡會介紹可有效清除藻類的清潔員，以及各尺寸水族箱的參考養殖量。我覺得這是很創新的表格喔！

【食用藻類的生物】

篩耳鯰

花鯰的同類，嘴巴像吸盤，會舔食藻類，可有效清理附著在平面上的藻類，但不怎麼吃堅硬的藻類，請作為預防用途。

NH

篩耳鯰

■水族箱尺寸與清潔員參考數量

表格製作／GT

水族箱尺寸	必養生物				配合藻類飼養的生物					
	篩耳鯰		多齒米蝦		長身穗唇鮍		石蜑螺 豆石蜑螺的同類		田螺、淡水蜆	
	預防	驅除	預防	驅除	預防	驅除	預防	驅除	預防	驅除
30cm(15ℓ)	1	3	1	3	1	3	1	3	1	3
45cm(35ℓ)	3	5	3	5～10	3	5	3	5	3	5
60cm(55ℓ)	5	10	10	20～30	5	10	5	10	5	10
90cm(150ℓ)	15	30	30	50～100	10	30	15	30	10	30
120cm(240ℓ)	20	40	50	80～150	15	40	20	50	15	40

以篩耳鯰和多齒米蝦為基礎，藉由生物來應對藻類問題吧！

【食用藻類的生物】

篩耳鯰

篩耳鯰會吃各式各樣的藻類，是很可靠的清潔員。牠們會在水草缸中對付多種藻類，能在各種情況下派上用場。

※多齒新米蝦和多齒米蝦一樣會吃藻類，但除藻能力低於1/3。因此必須大量養殖。

M

多齒米蝦

長身穗唇鯱

可以清除以黑毛藻為首的各式藻類。但也會食用莫絲等外型茂密的苔蘚植物，因此不適合某些造景。請視情況決定是否飼養。

NH

長身穗唇鯱

網紋繐唇鯱

在黑毛藻的清理上效果超群。跟長身穗唇鯱一樣會食用莫絲等苔蘚植物，不適合某些造景，需視情況決定是加入。同類間特別容易互相競爭，飼養相似魚類時需多加注意。

M

網紋繐唇鯱

M

石蜑螺

石蜑螺、豆石蜑螺的同類

跟篩耳鯰一樣會舔食藻類。貝類的動作較遲緩，但特點是可以清除堅硬藻類。其中的黃口蜑螺有強大的除藻能力。貝類會產下白卵，在乎美觀性的人或許別飼養比較好。

TI

黑花鱂

黑花鱂

在藍藻的預防上有一些效果，但不能太期待黑花鱂的除藻能力。相對地，牠們會將水面的油膜吃乾淨。

NH

花蜆

田螺／淡水蜆

具有濾食性動物的特性，可有效清理藍綠菌。但由於效果有限，不能過度依賴。

Q 065 如何清理矽藻類？

佈置完水族箱後，初期出現的藻類應該就是矽藻。矽藻的繁殖速度很快，但表面柔軟，可以輕易處理。環境穩定後就不會再增生，通常能在一個月後處理完畢。但如果水族箱裡有活餌或冷凍赤蟲等餌食，矽藻還是會持續繁殖。

■處理方法

矽藻在玻璃表面滋生時，請用海綿或刮刀清理。矽藻很柔軟，應該可以輕易除掉才對。處理後的水會變混濁的褐色，請換水並將矽藻移出水族箱。

如果矽藻長在水草上，則建議讓清潔員食用。葉片很大的水草需靠篩耳鯰清理，細小的葉片則讓多齒米蝦食用。

【推薦清潔員】

篩耳鯰／多齒米蝦／石蜑螺

M

矽藻附著玻璃器具。

M

多齒米蝦

Q066 如何清理細絲昆布型藻類？

【推薦清潔員】
篩耳鯰／多齒米蝦／石蜑螺

佈置初期使用養分很多的培養土（請參考Q25），一定會出現細絲昆布型藻類。它們的繁殖速度很快，會瞬間蔓延整個水族箱，畫面相當驚人，但應對方法很簡單。請冷靜下來，好好處理。這種藻類很柔軟，清潔員很喜歡吃。只要養一些清潔員就能讓藻類「在一夜之間消失」，是清掃前後對照最明顯的藻類。

■處理方法

用水管將藻類吸起來，並且排出水族箱。細絲昆布型藻類很柔軟，可以輕易吸取。當藻類附著在水草上時，強行吸取藻類會導致水草被拔出，因此最好交給清潔員處理。這種藻類很難單靠手動清理，建議先動手清潔到一個程度，再讓清潔員吃掉。

細絲昆布型藻類

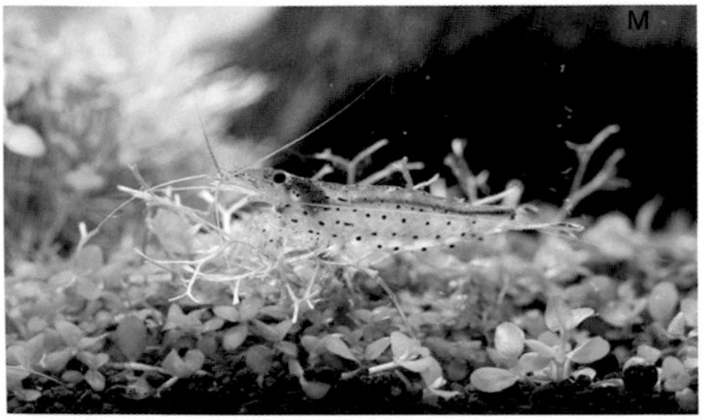

多齒米蝦

Q 067 如何清理玻璃表面的綠藻類？

水族箱佈置兩週後會出現綠藻。綠藻類很難完全清除，可能需要長期對抗。柔軟型和堅硬型的應對方式有點不一樣，請先記下來。

■處理方法

柔軟型和堅硬型的通用處理方式，是用海綿或刮刀定期清潔玻璃表面。每1～2週清理一次，就能將整潔度降到不至於介意的程度。

柔軟型

用刮刀之類的工具簡單處理，定期清潔是最簡單的方法。隨著養殖環境趨於穩定，繁殖量會逐漸下降，這時只要交給清潔員就能保持乾淨。

堅硬型

時間愈久，水藻就會愈硬，變得不易打掃，所以要定期清理玻璃。大約每2週打掃一次就不會太嚴重。軟化水族箱中的水質就能減少繁殖量（請參考Q32、Q38）。

【推薦清潔員】

●柔軟型：篩耳鯰／多齒米蝦／石蜑螺

●堅硬型：篩耳鯰／石蜑螺

M

黏在玻璃表面的堅硬型綠藻。

Q 068 如何清理斑點狀藻類？

斑點狀藻類會在石頭、流木、玻璃表面滋生，或是在生長緩慢的硬葉水草上繁殖。繁殖速度慢，生長情況比較不讓人驚訝，但在水草上滋生的樣子很顯眼。通常會在環境穩定下出沒，是很難完全清除的藻類。經常在玻璃表面和堅硬綠藻類一起增生，因此處理方法很相似。

■處理方法

因為繁殖速度慢，附著在玻璃表面時可用海綿或刮刀清除，定期清潔就能有效預防。藻類在水草上滋生時，請將受影響的葉子切除。附著在石頭或流木上時，用硬刷子可有效刮除。在某些造景上可能很難清除，需使用刷子擦拭水族箱內部。

降低藻類繁殖量的關鍵在於讓水族箱保持低營養狀態。如果是水草生長茂盛的正規水草缸，讓水草吸收養分比較容易維持低營養狀態。如果是魚類為主的水族箱，在預算許可的情況下使用RO水（採用逆滲透膜、無不純物質的水）可發揮效果。

【推薦清潔員】

篩耳鯰／石蜑螺

（※預防效果大於驅除）

M

附著水草的斑點狀綠藻。

Q069 如何清理絲狀藻類（水綿屬）？

形狀細長如絲的藻類，以纏繞延伸的方式繁殖，尤其容易對水草缸帶來問題。繁殖速度快，一根絲狀藻類可增生數倍，請盡快應變處理！

■處理方法

開燈時間過長容易造成藻類增生，一旦發現請重新調整開燈時間。

●無水草水族箱➡5小時以內

●水草水族箱➡大約5～8小時

遇到藻類大量繁殖的情況時，建議遮光3～5天。雖然遮光會導致水草狀態變差，但總比讓藻類繼續蔓延好，而只減少開燈時間並不能降低已增生的水藻量，需要同時放入一些清潔員。請參考Q64【清潔員建議數量】，多齒米蝦可以發揮清潔效果。如果藻類沒有減少的跡象，請考慮加入更多多齒米蝦。

【推薦清潔員】

多齒米蝦／長身穗唇魮

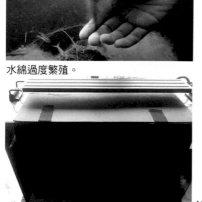

水綿過度繁殖。

遮光後的水族箱。

Q070 如何清理絲狀藻類（草坪）？

在石頭、流木、玻璃面或水草上密集生長的藻類，看起來像天鵝絨。特別容易在光線充足的地方生長，會在照明強烈的水族箱中快速繁殖。清潔員不太吃這種藻類，處理起來比較棘手。繁殖速度相對較快，清潔員幾乎不食用，一旦大量繁殖會很難清理，發現後應盡快處理。

■處理方法

先手動清理能徒手處理的部分。如果藻類附著在水草上，請將葉子剪掉。這種藻類跟水綿一樣，開燈時間太長容易導致繁殖量增加。因此請先重新調整照明時間。

- **無水草水族箱⬇5個小時以內**
- **有水草水族箱⬇大約5～8個小時。**

依照以上指標來調整照明時間。如果繁殖量大增，請遮光3～5天。光是減少開燈時間並不能降低水藻量，請同時借助清潔員的力量。請參考Q64【清潔員建議量】，養多一點多齒米蝦可發揮效果。

【推薦清潔員】

篩耳鯰／多齒米蝦／石蜑螺

M

草坪型藻類遍佈玻璃表面。

Q071 如何清理絲狀藻類（毬藻形狀）？

有硬質絲狀的灰色類型，也有深綠色的類型。大多呈現絲線纏繞的樣貌，所以我將它稱為「絲狀藻類」。滋生的頻率並不高，繁殖速度也不快，因此生長情況不驚人。通常會在水質混濁的石頭、漂木或水草上纏繞繁殖，大多在水族箱的後方或濃密植物的下方默默增生。

【推薦清潔員】

無

（網紋繸唇鯱會吃一些。）

■處理方法

一旦發現藻類出沒，最好用鑷子之類的工具夾取。由於碎片會再次增殖，訣竅是要小心別讓碎片散落；纏著水草的水藻往往很難清乾淨，最好將纏繞的部分剪掉。

種植莫絲、明葉苔等苔蘚類水草時，很常將藻類一起帶入水族箱。建議種植藻類混入機率較低的水草類型，例如「組織培養杯」（請參考Q12）。

M

毬藻形狀的藻類。

Q072 如何清理黑毛藻？

黑毛藻恐怕是多數水族玩家最感到頭痛的藻類。它們表面堅硬而難以清除，清潔員不怎麼食用，是很難處理的藻類。做好預防措施是最好的應對方法，但在執行上還是有些困難，想繼續養殖水族箱就得長期對抗。

■處理方法

網紋繐唇魮會大量食用黑毛藻。在黑毛藻很少的環境中，每50公升養一隻便足以達到預防效果了。但網紋繐唇魮的性情有些暴躁，需留意同住魚類的情況。

藻類在供餌量愈多的環境中愈容易繁殖，因此減少飼料能稍微預防藻類滋生。使用活性碳來清除水中的有機物也能達到預防效果。此外，黑毛藻在高硬度水質中較容易增生（參考**Q32**、**Q38**）。

【有用的清潔員】

網紋繐唇魮

（以下為預防效果大於驅除的生物。多齒米蝦／長身穗唇魮／石蜑螺）

M

黏在水草邊緣的黑毛藻。

M

網紋繐唇魮

Q 073 如何清理珊瑚狀苔蘚(串珠藻)?

【有用的清潔員】

網紋縹唇魮

仔細一看會發現形狀很像灰色的珊瑚枝條，所以我將它稱為珊瑚狀苔蘚。出現的頻率不高，增殖速度不快，但是很難清除，而且很少有清潔員願意食用，是很難處理的藻類。水族箱裡有大量石頭，水質硬度和 pH 值偏高時，似乎更容易繁殖。

■處理方法

繁殖速度不快，建議先動手清理。仔細觀察會看到藻類身上有分節，這裡很容易斷掉，碎片會四處漂散。放著碎片不管會導致藻類滋生，請多注意。處理的訣竅是同時進行清潔及換水工作，將碎片吸起來。網紋縹唇魮會稍微進食，可根據情況考慮飼養幾隻。

M

容易斷裂的纖細珊瑚狀苔蘚（白色部分）。

Q 074 如何清理藍藻？

藍藻會緊緊依附在物體上（有時被視為細菌類）。特徵是會發出類似藍起司的刺激性臭味。繁殖速度快，由小碎片開始增生，很少有清潔員願意食用，被認為是最兇猛的藻類，但只要使用藥品就能輕鬆搞定。

■**處理方法**

有少量的藍藻出沒時，最簡單的處理方式是用水管吸取。繁殖量達到一定程度後也只能反覆清理了，建議用藥品處置。魚病藥Green F Gold顆粒可以迅速擊退藍藻，為此苦惱的人不妨試看看。

■**使用示範**

●依照Green F Gold顆粒的規定量，將顆粒投入水族箱⬇24小時後換水80%。

M

藍藻（深綠色的部分）。

M

到處都是藍藻。

GT

Green F Gold 顆粒

M

藍藻。有些地方看起來偏紅色。

如此一來，藍藻應該會在2～3天內消失。如果再次滋生，請再試一次。雖然Green F Gold顆粒對水草有害，但24小時內造成的傷害並不大（鹿角苔、莫絲等苔蘚類水草，或是金魚藻等無根水草、狀況不佳時會受傷）。藍藻在底床或玻璃表面滋生時，建議用滴管吸取藥液加入水中。

【有用的清潔員】

黑花鱂／石蜑螺／豆石蜑螺的同類

（僅有預防效果）

【Green F Gold 顆粒的使用示範】

M

①藍藻遍佈水族箱。

▼

②使用Green F Gold顆粒。藥品會讓水變黃。

▼

③使用Green F Gold顆粒後。藍藻完全消失了！

Q 075 如何清理藍綠菌？

浮游植物大量繁殖的狀態。嚴重程度各有不同，水有時會變成混濁的淺白色，有時則會變綠色。藍綠菌出沒後玻璃會迅速變綠，可作為滋生與否的判斷依據。明明不久前才清理過，幾小時後玻璃表面又變綠了，遇到這種情況時，通常表示藍綠菌正在滋生，即使水質沒有變混濁也一樣。

■處理方法

頻繁換水並使用活性碳，減少水中的養分及有機物含量就能慢慢減少藍綠菌。在過濾器中加裝過濾棉等精細物理濾材是很有效方法。如果情況不嚴重，田螺、淡水蜆等濾食性貝類可有效清除。推薦想迅速清掃的人使用凝聚劑。凝聚劑「Clear Water」（ADA）雖然不能用於大型魚、古代魚等生物，但可以強力清除藍綠菌。藍綠菌怎樣都清不掉時，請考慮使用。

【有用的清潔員】

田螺／淡水蜆

M

藍綠菌滋生還會造成觀賞性不佳。

Clear Water（ADA）

水草造景

——基礎篇

Part 8

Q076 什麼是水族箱造景？

所謂的造景是指「如何佈置各種元素」。佈置時需要思考如何在水草缸中「擺放石頭和流木」，或該種植「什麼樣的水草」。從更極端的角度看，造景方式是種個人愛好，想怎麼擺就怎麼擺，但既然都花時間了，當然想做出令人讚賞的作品。祕訣在於營造引人注目的畫面，例如：水草絨毯、修剪整齊的圓形草叢、變成大紅色的葉子等。

除此之外，造景很多種的技巧，建議優先學習「景深感」的表現方式。

比如佈置水草時，由前而後依序排列：

●大葉片⬇小葉片

這樣可以表現前後的景深感。此外，

●葉色由前而後依序是：深色⬇淺色。

如此一來，就能強調景深感。造景技巧可以讓空間有限的水族箱感覺更寬敞。Q83將會講解關於前後景深的技巧。

TI

前方是大型水草，後方是細小的水草，製造景深感。

Q 077 水草造景有哪些風格？

水草造景已在世上誕生數十年，期間衍伸出了豐富多樣的風格。風格能被細分為無數多種，但大致上可分為以下介紹的3種類型。

一聽到造景風格，總讓人感覺有明確的規矩，必須遵守才會受歡迎，但其實並不是這樣。我接觸的第一種水草造景是自然水族造景，後來也在作品中加入荷式水族造景、群落生境水族造景的精髓。大家也可以隨心所欲接觸更多作品，將感覺「不錯」的風格融入自己的作品。

■自然水族造景

自然水族造景是水草用品製造商Aqua Design Amano（ADA）創辦人天野尚開創的造景風格。「在大自然中學習，創造自然風景。」正如天野的描述。這類作品經常在水族箱中表現出大自然的氛圍，很難用一句話解釋清楚，我自己的解讀是：自然造景並非將大自然照搬過來，而是在心中內化後，將「大自然精髓」呈現在水族箱中。既然要提取大自然的精髓並在水族箱中呈現，那以非洲水草和東南亞水草為主體，搭配南美洲魚類，製作這樣的作品也「沒問題」。目前全世界都有自然造景的愛好者，我認為是最普及的一種風格。

使用流木的自然水族造景示範。

TI

使用石頭的自然水族造景示範。

■荷式水族造景

大約在 1930 年發源於荷蘭的造景風格。荷式風格幾乎不使用石頭或流木等構圖素材，特徵是大量密集地種植水草。水族箱的成品氛圍有如水草花壇一般，可說是聚焦「水草的佈局與生長狀態」的造景風格。相較於模擬大自然情境的自然造景，荷式造景更講究用心管理庭園的能力，相當適合喜歡加工水族箱的人。雖然人氣逐漸下降，但是只要是水草造景師都會想挑戰一次，用心製作每一株水草。

荷式水族造景示範。 TI

■群落生境水族造景

群落生境造景跟自然造景一樣，都是「向大自然學習，創造自然氛圍」的風格。最大的差別在於直接展現實景中的大自然樣貌。在構圖素材、植物、生物等元素的使用上都極力模仿實景，關鍵是要打造出一模一樣的水景。在某些情況下，甚至連水的混濁度、沉積的有機物、枯萎的植物等元素都要澈底模仿。乍看雖是不美觀的水景，但水族玩家對於這種追求「重現大自然」的浪漫態度，應該都會產生共鳴。現在也有人正在推廣，將群落生境水族造景稱為「野生水族造景（Wild Aquarium）」。

群落生境水族造景（野生水族造景）示範。 TI

Q 078 如何簡單提升美觀性？

這是一個看似簡單實則困難的問題。讓我為初學者推薦一種造景風格吧，這個方法就是只用一塊流木製作造景。組合複雜的石頭和流木確實很好看，但在佈置上必須具備一定的熟練度，不擅長的人沒辦法做出好作品。如果是用一塊流木製作，那只要找一塊好看的流木就行了，任何人都能打造出美觀的水景喔。

具體步驟如下：

①找一塊喜歡的流木（建議選大塊一點的）。
②擺在水族箱正中央的周圍。
③選擇3～5種水草作為背景。
④選擇1～2種水草作為前景。
⑤在流木上自由纏繞水草（苔蘚類或蕨類）。

請依照水族箱的尺寸調整水草的品種數。品種愈多愈難找到平衡，因此減少品種數是訣竅。

放入一塊大流木，既好看又吸睛。 TI

Q 079 什麼是前景、中景、後景？

前景、中景、後景是水草造景的基本構思觀念。不需要想得太複雜，只要大致區分：

水族箱的前側➡前景

水族箱的正中央➡中景

水族箱的背景➡後景

抓住這樣的感覺就沒問題了。這裡會簡單說明它們各自的功能。

■前景

前景是最先映入眼簾的區域，會大大影響水景的氣氛。使用淺色水草或化妝沙就能打造氣氛明亮的水景；顏色較暗沉的水草或化妝沙（請參考**Q87**），則可以表現沉穩平靜的水景。前景適合種植在低處橫向生長、如絨毯般的水草。

【適合前景的水草】

矮珍珠／新大珍珠／矮稈荸薺／草皮

TI

前低後高是基本的佈置觀念。

■中景

中景是造景中的骨骼區域，利用石頭或流木進行佈置。這裡的骨骼組合（稱作構圖）將決定水景給人的形象。佈置水草時，想像中景連接著前景和後景，更容易做出整齊的作品。此外，也可以讓水草在石頭或流木上發根生長。

【適合發根生長的水草】

莫絲／珍珠三角莫絲／星蕨屬／水榕屬／實蕨屬

■後景

後景是造景的背景，大多採用較高的水草，是可以用來玩賞各種水草的區域。用黃色或紅色等鮮豔的水草來呈現華麗感，或是種植小榕之類的帶狀水草來表現清涼感。即使前景和中景一樣，也能藉由改變後景瞬間做出不一樣的水景氛圍，請根據想打造的世界觀搭配各式水草佈置看看。

【適合後景的水草】

綠宮廷／小蕊珍珠草／匍生水丁香／泰國水劍

TI

代表性的前景水草矮珍珠。

TI

星蕨屬水草。依附在流木等物體上發根生長，適合放在中景。

TI

莎草屬水草。適合放在後景左右兩側的線形水草。

Q 080 水草的佈置訣竅是？

思考水族箱裡的水草該「種在哪裡」或栽培「哪些品種」的工作稱為「配植」。基本上可以自由種植，只要遵守基本原則就能做出整齊的造景。

這裡特別介紹三項好用的原則。

①注意水草之間的對比性

在旁邊種植「顏色」和「外型」完全不同類型的水草。將形象類似的水草種在一起，看起來既雜亂又不美觀。圓葉、細葉、紅色、黃色、綠色等，水草有形形色色的樣貌，趁這次機會多種一些不同種類的水草吧。

【例】

- **綠宮廷＋丁香水龍**
- **牛毛氈＋矮珍珠**

TI

有意識地改變旁邊水草的顏色或形狀，打造有起伏變化的水景。

②大量種植有莖型水草

有莖水草會在自然中群生，在水族箱裡一次配植10枝或20枝就能展現自然氛圍。

此外，大部分有莖草的單枝體積很小，數量太少會感覺有點寒酸，最好能一次配植多一點會比較美觀。

③分別佈置前景、中景、後景等3個區域

矮水草是前景，高度中等的水草是中景，高水草則是後景，這樣配植就能做出有強弱變化的造景。但需特別注意，高水草擺在前面會很有壓迫感。小型水族箱有時可能很難區分前景、中景、後景等3個區域，分成前景和後景2等分來構思會比較好。

【例】

前景➡新大珍珠

中景➡莫絲與星蕨屬

後景➡黃松尾與紅宮廷

新手請先留意以上3點。另外還有很多種佈置技巧，熟悉以後請一邊享受一邊用心佈置。

NH

栽培大量的有莖草，更容易打造出帥氣吸睛的造景。

Q 081 什麼是凹、凸、三角構圖？

所謂的構圖是指「石頭和流木的擺放方式」。凹、凸、三角形是水草造景的3種基本構圖。聽起來是不是有點難懂？簡而言之，將構圖想像成造景的骨骼就對了。

我認為，有多少創作者就有多少種構圖。但「凹、凸、三角形」是基本的構圖形式。初學者先留意基本的「凹、凸、三角形」佈局，並且擺放石頭或流木，就能打造出具有「統一感」的水景。

■凹型構圖

又稱為「凹構圖」、「凹陷構圖」或「谷型構圖」，是增加水族箱左右側厚度，並在中央留白的構圖形式。在中央的空間留下一條路（請參考Q82）就能輕鬆展現景深感。可以遮擋兩側的過濾器管路或加熱器，方便打造美觀的水景。整體很容易取得畫面平衡，是很推薦新手使用的構圖。

■凸型構圖

又稱為「凸構圖」、「突出構圖」、「中央隆起構圖」，與凹型構圖相反，是增加水族箱中央厚度的構圖形式。在左右兩側製造留白空間，適合在展示正面、左右面等多面向的地點中使用。兩側有留白，適合製作橫向延伸的水景。推薦給想讓魚群在開放空間中悠游的人。

■三角型構圖

又稱作「三角構圖」，是在左右其中一側留白，另一側加厚的構圖。很容易找到平衡，跟凹型構圖一樣是新手也能輕易製作的佈局方法。適用於可展示水族箱兩面的地點，例如房間的角落。

TI

■凹型構圖

在中央鋪設沙路的凹型構圖（TI）。

TI

■凸型構圖

中央有茂密水草的凸型構圖。

■三角型構圖 左側較高的三角構圖。

TI

Q 082 什麼是道路？

水草造景中的「道路」手法是指由前而後做出道路般的空間。由前而後，鋪設一條愈來愈細的路，可以讓水族箱感覺比實際尺寸更大。道路的最深處是「消失點」，消失點設在水族箱高度的一半以上會很好看。

●例：假設高度為36公分，則道路最深處（消失點）要高於18公分。

在道路舖上細沙或沙粒，與水草草叢做出明顯區隔是很常見的做法。使用色彩明亮的底床後，道路和水草之間會形成對比感，呈現出更有強弱變化的水景。各家廠商銷售的沙子或沙粒都有微妙的色差，可依喜好使用不同的素材。我經常將顏色相同但顆粒感不同的沙子互相搭配，例如：水族箱底沙 川沙、水族箱底沙 矽沙（皆為水景作品）。相較於比單用一種底床，搭配多種底床更能夠呈現自然氛圍喔。我經常在道路的周圍種植低矮的水草，佈局重點在於由前而後引導視線。關於這一點，下一項**Q83**「如何表現景深感？」將為你詳細說明。

「道路」可搭配各式各樣的造景風格，是初學者也能輕鬆駕馭的技巧，請一定要挑戰看看。

M

TI

白沙「路」的範例作品。

TI

中央有「路」的凹型構圖。道路也能用水草鋪設。

Q 083 如何表現景深感？

為了在空間有限的水族箱中展現景深感，需要善用視覺錯覺的效果。這裡將藉由水草尺寸、顏色來展現。

■利用水草的尺寸表現景深感

在前方栽種低矮的水草，愈後方的水草則愈高。前方採用「大葉片」水草，後方則是「細小葉片」。

【例】

（由前而後）迷你小榕➡矮珍珠➡牛毛氈

■利用水草的顏色表現景深感

前方是深色水草，後方是淺色水草；由前而後葉色愈來愈淡。相同色系的色彩變化更好，例如顏色愈來愈淺的紅色➡橘色➡黃色。

【例】

紅宮廷➡福建省➡Rotala sp. Wayanad➡黃松尾

景深的表現在於水草高度、葉片大小及顏色變化。只要在植栽時留意這些條件，任何人都能製作出有景深感的水景。如果你想精進造景技術，只要搭配**Q82**介紹的「道路」技巧就能加強景深感，請務必挑戰看看。

M

TI

前方是「深色／大型」水草，後方是「淺色／小型」水草。

TI

使用多種有莖型水草的造景。考慮形狀和顏色並加以配植，就能展現景深感。

Q 084 過了多久必須重新設置水族箱？

我的回答是「當你想改變的時候」。如果是環境穩定的水草缸，只要勤於定期保養就能長期體驗栽培的樂趣。但如果你很想挑戰新的水景，這時就是重新造景的好時機喔。此外，當水族箱的環境一直無法穩定或是情況惡化時，重新造景反而可以減少處理的時間和精力。

我為案件製作水族箱或為商店製作展示水族箱時，常都會依照下列的頻率定期更換。

小型水族箱⬇半年左右

大型水族箱⬇一年左右

用於企業的宣傳活動或店家展示的水族箱，需要兼具季節感、新商品展示及實驗性使用等功能，因此定期換新更能發揮效果。遇到行程緊迫的情況時，還能在縮短時間間隔並重新造景喔。

從頭開始佈置。思考構圖的過程也很令人期待。

Part 9

水草造景

——素材篇

Q085 水草造景使用的石頭有哪些種類？

水草造景的人氣石頭，有8種。每種的顏色、質感及給人的印象都不同，請根據你想製作的水景挑選合適的石頭。

TI

①青龍石系的石頭

藍灰混合的色彩帶有一股獨特清涼感，可襯托出水草的美。其中如降霜般帶有白色紋路的石頭很受歡迎。各家廠商銷售的石頭外觀相似但名稱各異，例如龍王石、昇龍石、青華石等，我在這個系列中最先認識的是ADA公司的青龍石，因此我稱它們為「青龍石系的石頭」。它們非常受歡迎，但缺點是加入水族箱後會導致水質硬度升高，使水草不易生長。關於這方面的說明，請詳見**Q32**、**Q86**。

青龍石系的石頭 TI

②黃虎石系的石頭

外觀很有趣的石頭，凹凸不平的孔洞呈現獨特的風貌。質地柔軟而容易加工，可用槌子等工具敲裂並以黏著劑固定，是適用於多種造景場合的石頭。有時會沾黏許多泥土，需先仔細清潔再使用。黃虎石系石頭有多個相似款式，除了黃虎石之外，日本的市面上還有松皮石、氣孔石等稱呼。

黃虎石 TI

③萬天石

ADA公司推出的日本銘石。萬天石很銳利，是在山裡採集才能見到的質感，且具有偏紫色調的美麗色彩。外觀十分上相，在水族箱造景攝影比賽中是很受歡迎的一種石頭，但可惜目前已停售。但批發商可能還有一些庫存。

萬天石 TI

TI

④山谷石

具有普通的光滑質感，顏色偏黑且適合搭配水草造景。經常被當作其他石頭的基底，或是用來讓水草附著發根，是表現活躍的配角而不是主角。市面上很少出現大顆的石塊，小顆的石頭數量則非常多，因此價格親民，很容易入手。

山谷石 TI

⑤紅木化石

比左頁木化石的顏色更紅，因此稱為紅木化石，有時則被標記為「赤木化石」。有很多柱狀的石頭，因質地柔軟而易於加工，將前端削細就能打造出如鐘乳石般的水景氛圍。

紅木化石 TI

⑥熔岩石

岩漿冷卻凝固後的石頭。顏色根據原始土壤的成分而有許多變化，例如偏紅色或藍黑色。尺寸愈小愈平價，很容易購入，因此適合作為造景的基底或讓水草附著發根。表面凹凸不平，很容易交錯堆疊，在立體透視模型造景方面很實用。

熔岩石 TI

⑦木化石

特徵是褐色的外觀，以及有稜有角的形狀。顧名思義是樹木的化石，有些大塊的石頭還能看到樹木的年輪。許多石頭的紋理清晰可見，適合製作縱向佈局的造景。善用石頭的稜角，堆出台階的形狀也是很有趣的做法喔。

木化石 TI

⑧川石

川石不是單一種石頭，而是包含各式各樣的石頭。石頭的稜角被河川沖刷成圓弧形，想製作像在河裡一樣，帶有強烈水中意象的造景時，推薦使用川石。不過，石頭表面被沖刷得很光滑，因此堆疊時要小心滑落。

川石 TI

Q086 石頭真的會抑制水草生長嗎？

在水族箱裡放入某些石頭會導致水質硬度上升，水草確實難以生長。但石頭有各種不同的類型，我們無法從外觀看出石頭對水質變化的影響。這裡調查了主要石頭的硬度變化調查。以下是作者在實驗後整理出的表格。

水草偏好「弱酸性軟水」的水質，硬水會導致水草生長情況惡化。關於水草喜歡的水質，請閱讀Q32。嚴格來說，大部分的石頭都具有提高水質硬度的作用，但每種石頭提高硬度的程度都不盡相同。所以硬度提升幅度較小的石頭更適合在水草缸中使用。

如果新手想用石頭造景，我推薦選用「不太會提升硬度的石頭」。等熟悉如何栽培水草後，再嘗試挑戰青龍石系的石頭。其實青龍石系相當受歡迎，是許多水族造景師的愛用款。

●硬度增加幅度小的石頭

黃虎石系石頭／山谷石／木化石／紅木化石

●硬度增加幅度中等的石頭

萬天石／熔岩石／川石

●硬度增加幅度大的石頭

青龍石系石頭

※關於每種石頭的詳細介紹，請參見Q85。

主要石頭的水質硬度變化

表格製作／GT

種類	pH值變化	硬度變化	TDS變化	水草適合度
青龍石系	+1.9	+40mg/ℓ	+51ppm	△
黃虎石系	+1.1	無變化	+18ppm	◎
萬天石	+1.7	+5mg/ℓ	+23ppm	○
山谷石	+1.5	無變化	+12ppm	◎
木化石	+1.6	無變化	+12ppm	◎
紅木化石	+0.9	無變化	+17ppm	◎
熔岩石	+1.2	+5mg/ℓ	+12ppm	○
川石	+1.5	+15mg/ℓ	+26ppm	○

水質變化的確認方法

・原水是pH6.0，全硬度40mg/ℓ，TDS54ppm。
・在大約500mℓ的容器中，容積比是原水約350mℓ：石頭約150mℓ。
・以上述條件為基準，於72小時後檢測水質。
・比較各項數值與原水的差異。
※△石頭可以採取軟水化措施，以便製作造景（請參考**Q32、Q38**）。

TI

大量使用青龍石系石頭的造景。先預設pH值或硬度會提高，並飼養適合該水質的魚類（非洲慈鯛）。

Q 087 什麼是化妝沙？

化妝沙是指鋪在水族箱前面的裝飾性沙子（或沙粒）。這不是一種特定商品，而是在前景中沙子或沙粒的統稱。

培養土（水草專用土）可大致分為黑色和褐色兩種，但沙子和沙粒則有多種顏色，可營造出不同於水草草叢的氛圍。一般來說，化妝沙的區塊大多無法種植水草，但只要在底床中種植可順利生長的水草，就能利用化妝沙做出更複雜的水景。

●在沙子與沙粒底床中可順利生長的水草

牛毛氈／矮稈荸薺／趴地矮珍珠／迷你矮珍珠／禾葉挖耳草／針葉皇冠草／尖葉皇冠草／派斯小水蘭／羅貝力／帕夫椒草／露茜椒草／迷你天湖荽／三裂天胡荽等

出乎意料的是，許多前景草能在沙子、沙粒底床中照常生長，請嘗試多種搭配，挑戰看看有自然氛圍的前景。化妝沙不只一種，搭配不同顆粒大小或顏色就能創造更複雜的水景，請自由發揮創意，享受水草造景的樂趣吧。

TI

水族箱專用沙或沙粒可用作化妝沙。有很多種選擇，歡迎自由挑戰！

TI

在前面使用化妝沙的造景示範。

TI

用化妝沙鋪設「道路」的造景示範。

Q 088 如何分開鋪設化妝沙和培養土？

化妝沙和培養土混合並不美觀，必須仔細分開鋪設。只要學會以不同方式鋪土，就能在各種東西上做出變化，可多方嘗試。以下介紹作者實際做過的鋪土方式。

■用隔板分開鋪土

先將紙板或紙箱切成合適大小，放入水族箱。仔細將培養土和化妝沙的區域隔開來。放入隔板後，加入化妝沙。先倒入化妝沙，再加入培養土。注意化妝沙和培養土的高度要一致。加入化妝沙和培養土後，將隔板拿開。先讓隔板稍微倒向培養土那側，接著取出隔板就能鋪得很整齊。

取出隔板後，在化妝沙和培養土的邊界放置石頭和流木，小心別混在一起。排列石頭和流木時一定會出現空隙，將化妝沙或顏色相近的沙粒倒入縫隙，以減少沙土混雜的情況。做好之後，觀察整體的平衡性，在後方多加一些培養土並增加高度，這樣就能呈現立體感，使畫面更美觀。

TI

TI

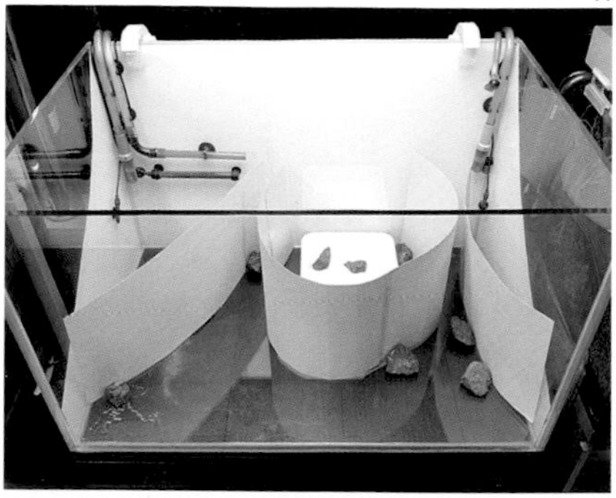

在空的水族箱裡加入厚紙隔板。

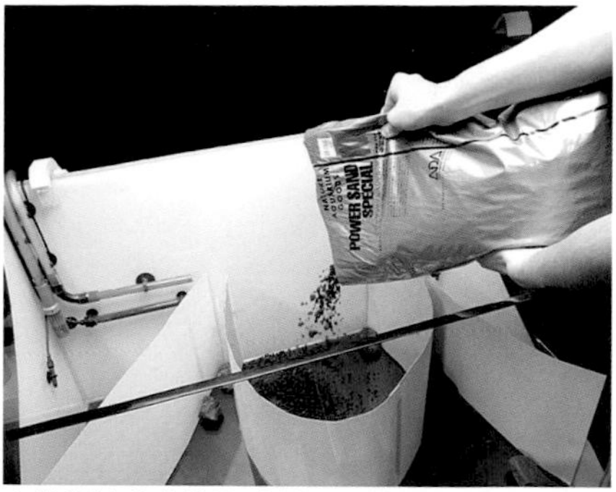

在欲種植水草的區域倒入培養土。

在其他區域倒入化妝沙。

拿掉厚紙板的樣子。

TI

完成造景。鋪設培養土的地方長滿茂盛的水草。

Q 089
培養土流到化妝沙的區域了……

好不容易把培養土和化妝沙鋪整齊了，結果培養土卻滾到化妝沙上，這時應該很讓人心煩吧。如果不希望培養土滾到化妝沙上的話，「正確分開鋪土」是唯一方法。即使只有一點小縫隙，培養土都會在加水後崩毀，因此請在鋪設階段就澈底填滿縫隙。在看不見的地方塞些過濾棉，看得見的則用造景專用石。將石頭敲成小碎塊、填滿空隙，或是用跟化妝沙顏色相襯的沙粒來填補。某些情況下，還可以用水草造景專用瞬間膠來固定石頭、沙粒或過濾棉。

不論如何，只要有縫隙培養土就可能崩塌，在鋪設初期盡力填補空隙是很重要的。此外，在石頭之間種植水草也能達到效果。

●將莫絲或珍珠三角莫絲纏繞在鵝卵石上，並放入縫隙之間。

●種植有匍匐莖且向下扎根的水草，例如：矮稈荸薺、矮珍珠、新大珍珠等。

以上可以讓茂密的水草阻擋培養土外流。

多齒米蝦或其他生物有時會將培養土移到前面，所以若在水草變茂盛前放入清潔員的話，就可能導致一些培養土遭到移動。但相較於培養土外流，我還是會優先處理藻類，因此會先將清潔員放入水族箱。雖然應先考慮水族箱的環境後再決定放入時機，但原則上還是優先除藻比較好。

TI

在玻璃和石頭之間塞入過濾棉，防止培養土外漏。

在空隙中栽種莫絲也是一種方法。

TI

M

雖然多齒米蝦會移動培養土，但卻是抑制藻類的重要功臣。需視情況放入水族箱。

Q 090 水草造景會使用哪些種類的流木？

流木的樹木種類很多樣化，水族箱專用流木可根據形狀大致分為「樹枝流木」及「塊狀流木」兩種。兩種流木都不會對水質帶來不良影響，也不會阻礙水草生長，因此可輕易地在水草缸中使用。

在造景方面，流木比石頭更容易搭出好看的畫面，是相當適合初學者的素材。

■樹枝流木

纖細的樹枝類型。日本市面上的主流銷售名稱是枝條木、象木、蘇門答臘木、蘇拉威西木，木頭選擇很多樣化，例如形狀筆直的流木，或是像章魚腳一樣的彎曲流木。一般來說，形狀愈複雜愈受歡迎。流木大多很輕盈，過一段時間才會沉入水中。因此造景的關鍵是在流木上放一些石頭或重物，藉此加快流木下沉的速度。

TI

樹枝流木。在小型水族箱造景上也很好用。

TI

使用樹枝流木的示範作品。

■ 塊狀流木

圓木或樹樁之類的塊狀類型。塊狀流木從很久以前就被當作流木銷售，所以一提到流木，通常都會讓人聯想到這種木頭。雖然有些木頭感覺很像「木柴」，不適合製作造景，但也有些是樹木倒塌後形成的流木，令人感受到歲月的流逝，非常適合水草造景。樹樁形的流木特別受歡迎，有的內部中空，有的具有樹洞般的凹洞，看起來很美觀，是很好用的造景素材。

塊狀木頭往往會滲出汁液，應該先清除汁液再放入水族箱，或是將活性碳放入過濾器並加以處理。

TI

大塊流木。需搭配合適的造景，只要搭得好，就能做出有個性的水景。

TI

使用多個圓木形流木，呈現大膽的造景。

Q 091 放入流木後，水變褐色會傷害到水草嗎？

將流木放入水族箱後，流木的成分會溶於水，讓水變成褐色，這是「流木的色素雜質」。水有點呈現褐色並不會造成實際傷害，但色素雜質太濃可能導致水族箱更暗沉，水草變虛弱。一般來說，出現大量色素是很少見的，不必過度擔心，但水變褐色還是會降低美觀度，以下介紹兩種預防色素雜質的方法。

①先在過濾器中加入活性碳

先在過濾器裡添加活性碳再擺放流木，過濾器就會吸附色素，因此不需要太擔心（也可使用有活性碳配方的濾材）。此外，適合當底床的人氣培養土也有吸附作用，可以吸附色素雜質。只要提前做好預防措施就不必太煩惱色素問題。

②先清除流木的色素雜質，再放入水族箱

用鍋子水煮流木，在水桶中加入色素去除劑，將流木浸泡在水桶裡，等色素清除後再放入水族箱。如此一來，流木就不會溶出太濃的色素。色素雜質不會造成嚴重影響，再加上清除程序太麻煩了，所以我通常都會採用方法①。

GT

清除流木色素雜質。水變成純黑色。

Q 092 流木長了白色黴菌般的東西會傷到水草嗎？

流木長出類似白色黴菌的東西時（應該是黴菌，但詳情仍不明）並不會造成傷害，不必過度緊張。不過，大量白色物質看起來不美觀，建議在打掃時間加以清除。用水管吸出所有水就能輕鬆去除，請在換水時挑戰看看。此外，多齒米蝦等生物能幫忙吃掉這些物質，還能兼顧除藻效果，推薦飼養清潔員生物。水族箱（水質）環境趨於穩定後，白色物質會逐漸消失，因此放著不管也沒關係，不需要太在意喔。

白色物質經常在樹枝流木剛被放入時（請參考Q90）大量浮現。從這點來推測，我認為可能是因為樹枝流木是由溼木頭加工製成，這表示木頭內部還殘留著樹木的養分，所以才會產生黴菌。

我很喜歡形狀複雜的樹枝流木，再加上白色物質不會引起嚴重問題，因此我不會介意，平時經常使用。如果你還是「很介意」，請先將流木浸泡在桶子裡，徹底清潔白色物質後，再將流木擺入水族箱，這樣就比較不會出現白色物質。

GT

樹枝流木長出白色黴菌般的物質。可放入一些多齒米蝦，牠們會幫忙吃掉。

Q093 石頭和流木，哪種更適合造景？

雖然還是得視情況而定，但通常流木比較方便造景，原因如下。

●不會對水草造成負面影響。
●即使只有一塊流木，也能善用它的形狀來造景。

有些種類的石頭會使水質硬度上升，導致水草不易生長，且單顆石頭很難設計出好看的造景，通常都會搭配多顆石頭，這對新手來說比較困難。

基於上述原因，我通常會建議新手「先用流木練習造景」。當然還是要考慮到個人喜好，畢竟也有想用用看石頭的時候吧？使用Q86不易提高水質硬度的石頭，更容易養好水草。先選用方便管理的石頭，等熟悉後再挑戰會影響水質的石頭類型就能降低失敗率。

TI

使用大塊流木的水族造景。水草長得很健康。

水草與其他生物

Part 10

Q 094 應該在水草缸裡飼養哪種魚？

極端而言，撇除草食性強的魚類，其他魚類都能在水草造景和魚類之間取得平衡。如果要舉出具體例子，種類實在太多，因此本篇將以整體飼育難易度、取得難易度、美觀度等條件作為考量，特別介紹幾種推薦的品種。以下包含品種名及簡易說明，歡迎當作挑選魚類的參考依據。

阿氏霓虹脂鯉

擁有紅藍雙色的美麗魚類。是很主流的魚，應該有很多人認識。以10隻為單位飼養，牠們會成群游泳，畫面很值得一看。

NH

藍鑽石霓虹燈魚

擁有明亮的眼睛和金屬質感的體色，是充滿魅力的霓虹燈魚改良品種。我覺得霓虹燈魚太普通，所以喜歡在水族箱裡養這種魚。

GT

紅衣夢幻旗

耐心照顧就能養出紅寶石般鮮紅的體色。牠們的菱形體型在水族箱中非常顯眼，習慣在低處游泳，適合在流木陰影的造景中使用。

NH

NH

櫻桃燈

正如其名，成魚擁有櫻桃般的體色，是很美麗的一種魚。正紅色是雄性魚，購買時要確認雄雌性。可驅除小型貝類，對水草缸很有幫助。

NH

金三角燈

樸素的橘色，體型呈菱形，很引人注目。有群游傾向，如果想看魚類群游，很推薦這種魚。相似品種有正三角燈、小三角燈。

NH

噴火燈（橘帆夢幻旗）

體色橘紅、最大只有2.5公分，很有魅力且特別強壯，推薦給第一次養熱帶魚的人。耐心照顧後，體色會更紅，外型更美。

NH

電光美人

體型類似日本的黑腹鱎。雄性的魚鰭會變紅，身體的藍色也較深；雌性的魚鰭是黃色，可藉此分辨雄雌。

NH

女王藍眼燈

藍色眼睛很吸引人，是熱帶青鱂魚同類。會在上層游泳，建議在水族箱上方感覺「太空虛」時引入。嘴巴很小，頻繁餵食會養得更漂亮。

TI

拉利毛足鱸

身體有鮮豔的藍色和紅色條紋，縱長約6公分，扁平體型搭配亮麗體色相當引人注目。牠們會在水中輕鬆優游，很適合作為水景的主角。

M

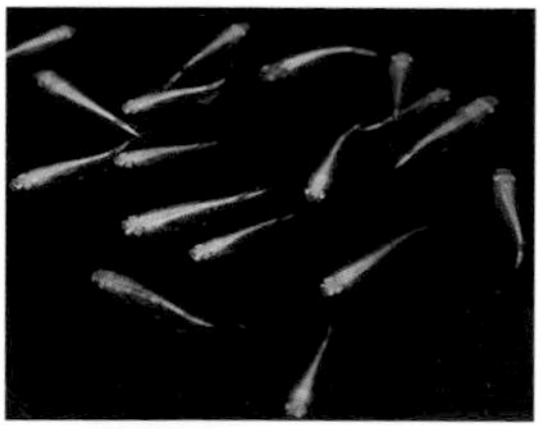

螢光青鱂魚

跟楊貴妃青鱂魚一樣，很容易引進水族箱。背部閃閃發亮，適合可俯瞰水面的水族箱。

NH

楊貴妃青鱂魚

鮮豔的橙色與水草缸很相襯，市面上流通量大，很容易在水族箱中飼養，通常都能順利引入。

NH

小兵鯰

喜歡在底部群游。有些人一聽到兵鯰可能會擔心牠們會拔水草，或挖土導致水變混濁，但此品種OK。牠們會突然從水草叢中成群出現，十分可愛。

Q 095

水草缸裡不能養哪種魚？

雖然還是有一些例外，但通常草食性強的魚類不適合水草缸。此外，有些肉食性強的魚類會捕食負責除藻的生物，因此也不適合。我將透過自身經驗，在本篇介紹常被詢問的幾種魚類。

■常吃水草的魚

金魚

鯽魚的改良種，是草食性魚類，有食用水草的傾向。由於個體間差異很大，並非所有金魚都不適合水草缸，但要將牠們視為吃水草的魚。錦鯉的草食性更強，不能在水草缸中飼養。

NH

部分日本產淡水魚

鯽魚、平頜鱲等日本淡水魚有很強的食草傾向，不適合水草缸。牠們喜歡吃軟葉水草，不太吃硬葉水草（例如星蕨屬、水榕屬等）。照片中的是平頜鱲。

NH

下口鯰的同類

我會視情況將紫鑽異型、藍絲絨異型放入水草缸，作為清理苔蘚，原則上牠們的草食傾向很強。飾帶梳鈎鯰的同類（照片中的魚）特別愛吃水草，請小心。

NH

■偶爾會吃水草的魚

NH

類霓虹脂鯉

跟布氏半線脂鯉一樣，可能在飢餓時食用柔軟的水草。此品種一旦吃習慣就會一直吃柔軟的新芽。目前的應對方法是儘量放入體型較胖的個體。

NH

布氏半線脂鯉

剛飼養時體型較瘦，可能會在飢餓時食用水草，記住味道後就會把水草視為食物。我很常在水草缸裡養這種魚，通常會儘量選擇體型偏胖的個體。照片中是外型閃亮的改良品種。

NH

斷線脂鯉

類似布氏半線脂鯉和類霓虹脂鯉。雖然牠們很少記住水草的味道，但體型最大會長到10公分左右，所以一旦食用水草就會造成嚴重影響。應對方法也是儘量放入身體較胖的個體。

■會吃清潔員的魚

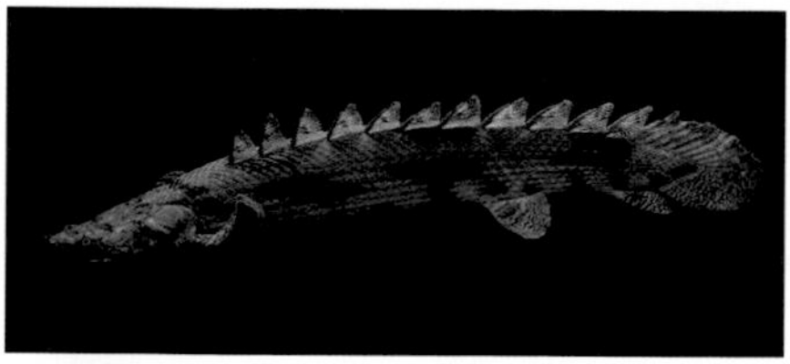

TI

多鰭魚

多鱗魚應該是古代魚當中最受歡迎的品種。如恐龍般的外型讓人很想養看看，但牠們會吃掉清潔員魚類，導致藻類問題難以處理，因此不適合放入水草缸。照片中是恩氏多鰭魚。

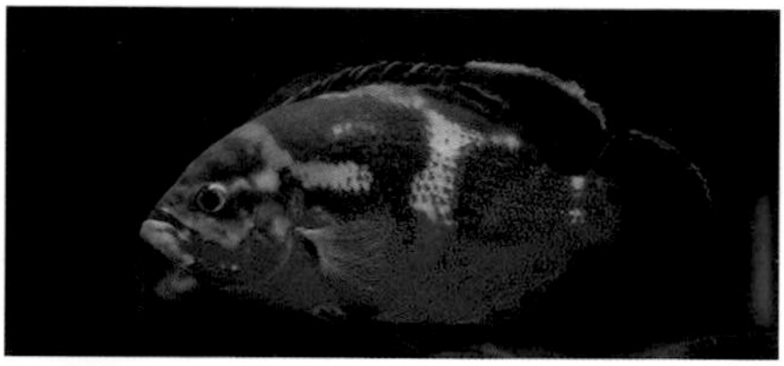

NH

地圖魚

很熱門的熱帶魚，在水族館裡很常見。最大能長到35公分左右，是什麼都吃的雜食性魚類，會捕食篩耳鯰、多齒米蝦等清潔工，導致藻類問題難以解決，因此不適合水草缸。

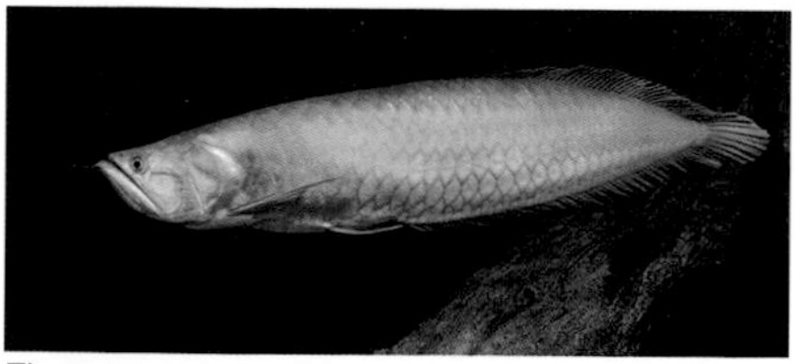

TI

美麗硬骨舌魚

說到大型魚，很多人應該會先想到美麗硬骨舌魚吧？牠們跟地圖魚、多鰭魚一樣會捕食除藻清潔工，不適合水草缸。照片中是雙鬚骨舌魚。

Q096 放很多隻魚會造成畫面不統一，感覺很凌亂。有推薦的魚類搭配技巧嗎？

形形色色的魚在美麗的水草森林中優游，應該是水族玩家都很嚮往的水景意象。但是，如果挑魚時不多留意顏色或體型，水景就會失去一致性。因此我將在本篇為你介紹魚類的「混養祕訣」。

■混養技巧

一言以蔽之，搭配的關鍵在於呈現鮮明的對比感。魚類有各種不同樣貌，請盡可能地搭出有明顯強弱變化的組合。

體色

在一個水族箱中放入同一種顏色的魚，更容易營造整齊一致的畫面。

體型

收集一堆體型相同的魚會給人零散的印象。請盡可能搭配不同體型的魚。

品種數

品種太多會導致水族箱的魚類感覺很雜亂。不同尺寸的水族箱適合的品種數不盡相同，通常選擇3～5種比較容易整合畫面。

魚的數量

魚太多或太少都會影響美觀性。需根據魚的尺寸或品種加以調整，小魚養多一點，大魚則少一點，這樣比較容易統一畫面。

■不美觀的混養範例

●**霓虹脂鯉／阿氏霓虹脂鯉／類霓虹脂鯉**

每種魚的體型和顏色都很接近，因此感覺很零散。請選擇其中一種即可。

●**30公分水族箱，孔雀魚2種／脂鯉3種／兵鯰3種**

品種數過多，看起來凌亂不一。30公分的水族箱建議搭配大約3種品種。

●**60公分水族箱，霓虹脂鯉300隻**

數量是不是有點太多了？感覺很像水族館銷售區的水族箱。

■有強弱變化的混養範例

●**30公分水族箱，阿氏霓虹脂鯉10隻／紅衣夢幻旗5隻／恆河毛足鱸2隻**

搭配藍、紅、黃色的魚類組合，更容易營造整齊一致感。每種魚都很好養，適合初學者。

●**60公分水族箱，金三角燈20隻／女王藍眼燈30隻／拉利毛足鱸1對／斯特巴氏兵鯰5隻**

分別在上、中、下層等不同區域游泳的魚類組合。顏色也完全不一樣，很有強弱變化。

●**90公分水族箱，電光美人40隻／貝氏虹銀漢魚10隻／伊里安島舌鱗銀漢魚10隻／麥氏虹銀漢魚20隻**

集結各種彩虹銀漢魚的混養範例。同類型的魚類組合感覺比較不凌亂，顏色明顯不同的品種可製作出有鮮明變化的混養魚缸。

TI

使用一種魚（霓虹脂鯉）的水族造景。
60×60×55（H）cm

Q 097 在水族箱裡養魚該如何清理糞便？

我不會太在意水草缸的底床髒污，因為只要為水族箱提供充足的照明、添加二氧化碳，讓水草茂盛生長，水草本身的水質淨化能力就能讓底床保持乾淨。尤其是水草根基穩固的環境，底床不會累積髒污，比普通的水族箱還乾淨。說到不會累積髒污，有些人可能以為底床不會出現任何雜質。但事實上，翻動底床還是會增加污濁度並堆積灰塵，所以這裡說的「不累積髒污」是不會引起嚴重問題的意思。

底床會堆積不少灰塵，我大約每隔幾個月到半年會用「虹吸管」（水作）清掃。但這並非必要的清潔工作，而是因為我會介意所以才打掃，有時候可能過了好幾年也不會打掃。只要多注意**Q99**介紹的飼料量，讓水草健康生長就不必花太多時間打掃底床。

不過，我偶爾還是會想打掃一下底床，這時就會將虹吸管壓在底床上方，只把底床裡的髒污吸出來。雖然本來應該直接把虹吸管插進底床，在管子裡攪動清掃底床，但扎根的水草沒辦法這麼做，因此我會把管子輕輕放在水草上，並將縫隙間的髒污吸出來。補充說明，這裡分享的內容適用於培養土、大磯沙、細自然沙等多種底沙（包括打掃方式）。

NH

水草沒有扎根的地方可以像照片中（照片中的是虹吸管）這樣，將管子插入底床中清掃。

M

清潔水草缸的底床。將排水管輕輕壓在水草上並吸出髒污。

M

水草不扎根的地方可清潔培養土內部。訣竅是調整排水強度，只吸出灰塵。可以在排水口放一塊細網來接住培養土。

Q098 在水族箱裡放入水草後，貝類出沒會引起問題嗎？

貝類不會對魚類造成影響，但部分水草可能被吃掉。但不美觀才是最大的問題。少少幾隻還不至於讓人在意，大量繁殖就有點不太舒服了。

貝類常在放入水草或其他生物時混入，用組織培養杯，或先用水草清洗劑（AI.net）處理，再將水草放入，就能防止貝類混入（請參考Q13）。

但不管再怎麼小心，貝類還是會進入水族箱，建議應事先採取應變方法。貝類的處理方法大致可分為手動清除，及放入吃貝類的清潔員。

■手動清除

發現後立刻清除

一旦發現貝類就用網子或鑷子清除。方法雖然很原始，但能在尚未大量繁殖前移除。

設置陷阱

安裝貝類捕捉器（GEX）以收集貝類。相較於逐一捕捉，設置陷阱可以一口氣消滅大量貝類。可是一旦錯過取出時機，就會變成餵餌給貝類吃，這點要多加注意。

清洗整個水族箱

澈底清洗水族箱以便清除貝類。貝類經常附著在水草上，雖然丟掉水草很可惜，但這麼做比較保險。此外，還可以用熱水來消毒底沙。

除了目前介紹的人工處理方法外，放入會吃貝類的魚也是個好方法。這個方法更簡單，只要魚健健康康的就會繼續捕食，我很推薦。以下介紹幾種捕食貝類的魚類。

■讓魚捕食貝類

黑帶龍脊魨

黑帶龍脊魨是我最可靠的貝類獵人。以最小的淡水魨聞名，對貝類的食性也很出色，在60公分的水族箱裡放入1～3隻就能達到效果。

牠們有點兇猛，有時會咬其他魚的鰭（尤其是孔雀魚等大鰭魚類），但可以跟速度快的脂鯉魚混養。只吃冷凍赤蟲之類的活餌，不易餵食，所以我通常只會少量放入，將不斷繁殖的貝類當飼料餵食。

無線棕鱸

無線棕鱸又稱為藍帆變色龍，嘴巴較小，很少吃大型貝類，但會吃幼貝類。在貝類獵人中屬於較溫和的類型，適合放入混養水族箱。基於混養問題而不能養黑帶龍脊魨時，我通常會放入它。牠們跟黑帶龍脊魨一樣不易餵食，只吃冷凍赤蟲之類的活餌，因此我只會放少量的魚，將不斷繁殖的貝類當作飼料。

托氏變色麗魚

托氏變色麗魚自古以來便是活躍的貝類獵人，實力無庸置疑，在90～120公分的水族箱中，只要一隻就足夠。牠們是有地盤意識的慈鯛科，性格較兇猛，混養時須多加小心。當水族箱裡有神仙魚、盤麗魚等同樣強勢的魚類時，我才會放入這種魚。

NH

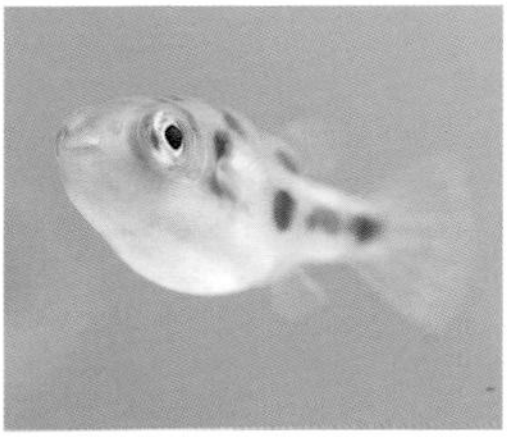

黑帶龍脊魨
除貝能力一流，但要小心可能干擾其他魚。

NH

無線棕鱸
優點是個性溫和，可放心混養其他魚類。

TI

托氏變色麗魚
很會捕食貝類，有點兇猛，應慎選魚缸環境。

M

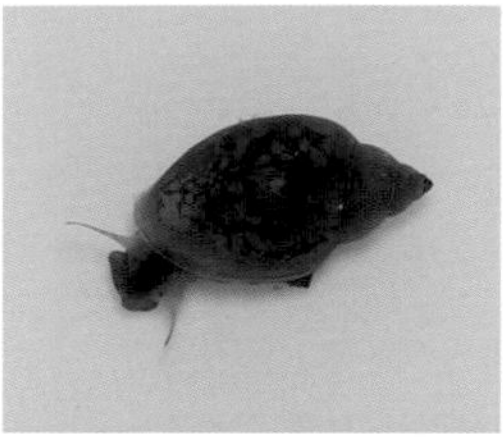

囊螺
在水族箱中大量繁殖的代表性貝類。

Q 099 在水草缸中飼養魚類時，一定要準備特殊魚餌嗎？

雖然不必準備特殊飼料，但剩太多會造成問題，所以不留飼料是很重要的事。我餵魚時的參考基準是「餵食一隻魚眼的飼料量，每天1到2次」。雖然這樣的份量不足以讓瘦弱的魚增胖、長得更大、加速生長、促進繁殖，但已足夠養出健康的魚。

如果飼料在倒入幾分鐘後沉入水底，就表示餵太多了（或者飼料不適合魚類）。姑且不論要一段時間才能吃完的圓扁型魚飼料，如果顆粒型或薄片型的飼料有殘留，就必須改善餵食量。

有些魚的進食速度比較慢（例如絲足鱸科），不能一次大量餵食，需將飼料分成1到2次少量餵食。在混養水族箱中，速度快的魚可能吃光所有飼料，因此建議倒入多種不同形狀的飼料。無論如何，只要飼料在水中均勻分佈且不殘留，就比較不會發生問題。

特別推薦不易污染水質的NEOPROS（KYORIN）飼料（請參見P44）。這款是薄片型飼料，適合喜歡在水面浮游的魚。可減少肉眼可見的底床髒污，為水質污濁所苦的人請試用看看。

NH

水草缸尤其不能殘留魚飼料。

Q100 添加水草肥料或二氧化碳會傷害魚類嗎？

原則上只要依照建議使用量就不會有問題。肥料和二氧化碳的用量都有一定限制，在水族箱裡倒太多可能傷害水草。

■肥料的危害

肥料（水草所需的營養素）之所以含氮，是因為使用了氨和硝酸成分。氨是一種被硝化菌分解的水中髒污，硝酸則是由硝化作用產生的物質。所以將整瓶倒入水族箱並加入大量肥料，可能會發生氨中毒或亞硝酸中毒。而且不只氮氣，其他成分過多也會對生物帶來負面影響，要小心別加太多。

話雖如此，加入10倍用量卻很少對生物造成影響，因此不需要太擔心。

■二氧化碳的危害

添加大量二氧化碳會導致二氧化碳中毒，蝦類發生二氧化碳中毒時會無法動彈，最終死亡。魚類則會出現缺氧症狀，嘴巴在水面一開一合，症狀惡化將導致死亡。使用二氧化碳套組時要以每秒一滴的劑量添加，不小心加太多就會引起問題。

發生二氧化碳中毒時，請將80％的水換成新鮮的自來水（除氯）。晚上使用打氣機可降低二氧化碳中毒的風險，擔心的人可以安裝看看（參考Q34）。

魚缺氧時，嘴巴會靠近水面並在附近游移。這種「浮頭」現象是魚的求救信號。

作者簡介

轟元氣

1984年生於埼玉縣。在專門學校主修水族造景，2005年進入水族造景行業。現為水族館「e-scape」坂戶分店店長。以「更簡單自由」的理念處理店面的業務，並投稿水族專業雜誌、展示水草造景作品、舉辦水草培育工作坊，涉及範圍廣泛。擅長製作美麗的水草造景，目前已栽種超過10萬株水草！

作者部落格：https://ordinary-aquarium.design

STAFF

企劃・執行●山口正吾
書籍編輯●大美賀 隆
封面照片●石渡俊晴
攝影●石渡俊晴、轟 元気、橋本直之、編集部
插畫●いずもり・よう
設計●小林高宏、津村明子、半田悠子
協力● AQUA GALLERY GINZA、アクアショップつきみ堂、アクアテイク -E、
アクア・テイラーズ、AQUA-FORTUNE、アクアフォレスト 新宿店、
AQUA free、aQualite、アクアリウムショップ アース、AQUARIUM SHOP Breath、
アクアレビュー、An aquarium.、e-scape 坂戸店、市ヶ谷フィッシュセンター、
water plants lover、H2 目黒店、color、グリーンアクアリウムマルヤマ、寒川水族館、
SENSUOUS、チャーム、リミックス
アクアデザインアマノ、ジェックス、スペクトラム ブランズ ジャパン、デルフィス
N.B.A.T.、せっきー、中村晃司、マツバタデザイン企画

水草養殖入門QA 100

出　　版／楓葉社文化事業有限公司
地　　址／新北市板橋區信義路163巷3號10樓
郵 政 劃 撥／19907596 楓書坊文化出版社
網　　址／www.maplebook.com.tw
電　　話／02-2957-6096
傳　　真／02-2957-6435
作　　者／轟元氣
翻　　譯／林芷柔
責 任 編 輯／陳鴻銘
內 文 排 版／洪浩剛
港 澳 經 銷／泛華發行代理有限公司
定　　價／480元
初 版 日 期／2023年10月

國家圖書館出版品預行編目資料

水草養殖入門QA 100 / 轟元氣作；林芷柔譯.
-- 初版. -- 新北市：楓葉社文化事業有限公司,
2023.10　面；　公分

ISBN 978-986-370-599-4（平裝）

1. 水生植物　2. 栽培

435.49　　112014542